陰謀と虐殺

情報戦から読み解く悪の中東論

柏原竜一

ビジネス社

はじめに　じつはモサドに劣らない中東諸国の情報機関

本書は、中東という地域をインテリジェンスという側面から考察することを目的としている。イスラム国の急速な台頭とその残虐な行為は、中東という地域への関心をこれまでになくかき立てたといえる。しかし、その後現れた一連の書物には失望を覚えざるをえなかった。なかには、表向きはテロを否定しながらも、実際にはテロを賞賛しているのではないかと思われる著作も見受けられた。

なによりも、イスラム国に関する著作を読み進むにつれて、なにかいいようのない不満を感じるようになった。それらの説明には、人の心を突き動かすような説得力にまるで欠けていたためである。一言で言えば、外交インテリジェンスという視点が欠けているのだ。

そのようななかで出会ったのが、オーウェン・L・シールスによる『エジプト情報機関一〇〇年史』（未邦訳）であった。この著作は、一九一〇年から二〇〇九年までの一〇〇年間のエジプト情報機関の変遷を扱っていた。英国の統治時代から、自由将校団によるクーデターを経て、ナセル、サダト、ムバラクという三代の大統領の下での情報活動を扱ったこの著作は、エジプトの外交・内政の実情を非常に説得力のある形で提示していた。なにより驚かされたのは、エジプトの情報活動の幅広さと質の高さであった。

すでに、ナセルの時代から、情報収集、特殊作戦、欺瞞工作、それからプロパガンダに到るまで、質の高いインテリジェンスが繰り広げられていたのだ。第二次中東戦争において、英仏、それにイスラエルを打破したのはエジプトの優れた情報活動であった。在外公館を通じた旺盛な情報収集と、ナセルの的確な情報評価が、エジプトに勝利をもたらしたのである。

中東のインテリジェンスといえば、イスラエルの対外情報機関であるモサドの活動に焦点が当てられることが多い。しかし、エジプトも、イスラエルに対抗しうるほどの高度なインテリジェンス能力を備えていた。エジプトに限らず、イスラエルの周辺国も、常にイスラエルに苦しめられる弱小国などではなく、高いインテリジェンス能力を備えた、強力でしたたかなアクターだったのである。これは新鮮な衝撃であった。

だとするならば、アラブの春からイスラム国に到るストーリーを、中東諸国のインテリジェンスという観点から再構成できるのではないかと考えたのが、本書の執筆動機であった。

そして、本書の執筆中にパリで同時多発テロが起きた。死者一三〇名、そして負傷者も三〇〇名を超える大惨事となった。フランスの情報公安機関の優秀さを知る身にとっては、この事件も、別の意味で衝撃であった。

そこで、フランスの今回のテロ事件の背景を調べた。すると、今度はヨーロッパ諸国のイスラム化という問題に直面した。つまり、中東での混乱はヨーロッパも巻き込みつつあったのだ。

そこで、本書では、第一章で、ヨーロッパのイスラム化の問題を取り上げた。中東の問題が、実は中東だけにとどまらず、ヨーロッパも巻き込む大問題であることを示そうと試みたのである。

第二章では、エジプト、とりわけナセル政権前期のインテリジェンスを取り上げた。ナセルの野心が実現していく過程で、情報機関が果たした役割を紹介した。それと同時に、この章は、さまざまな種類の情報活動を紹介するという、いわば情報活動のショーウインドーの役割も果たしている。

第三章では、イランのインテリジェンスを取り上げた。中東といえば、テロの問題は避けて通ることができない。その根底には、スンニ派とシーア派の対立・競合と協力があった。

第四章では、ビン・ラーディンを扱った。ビン・ラーディンといえばテロリストとして連想されることが多いが、彼は初めからテロリストというわけではなかったのだ。むしろ、サウジアラビアの情報工作を担当するエージェントであった。この章では、彼がどのようにして、テロリストとなったのか。そして、彼とサウジアラビアとの関係を考察した。

第五章では、イスラム国の残虐さの起源を考察した。第六章では、「アラブの春」の実態をアメリカ外交の変遷という点から説明した。第七章では、イスラム国の本質を、「偽旗作戦」というインテリジェンス活動の観点から分析した。

本書の目的をもう一つ挙げるならば、読者が複雑怪奇な中東の情勢を自分なりに分析できる枠組みを提示することであった。本書は、それぞれの章が他の章と反響するように作られている。たとえば、第二章と第三章を比較することで、エジプトとイランの国柄の相違、それに、情報活動の共通性を確認できるだろう。また、特定の固有名詞、たとえば、ヒズボラのテロリストであるイマード・ムグニヤ、そして、サウジアラビアのトゥルキー・アル・ファイサル王子やバンダル・ビン・スルタン王子といった人名に注目すれば、中東諸国の隠された関係を発見することができるだろう。そのうえで、本書が、今後も世界各地で頻発するであろうテロを回避する一助になれば、筆者としてこれ以上の喜びはない。

中東の地図

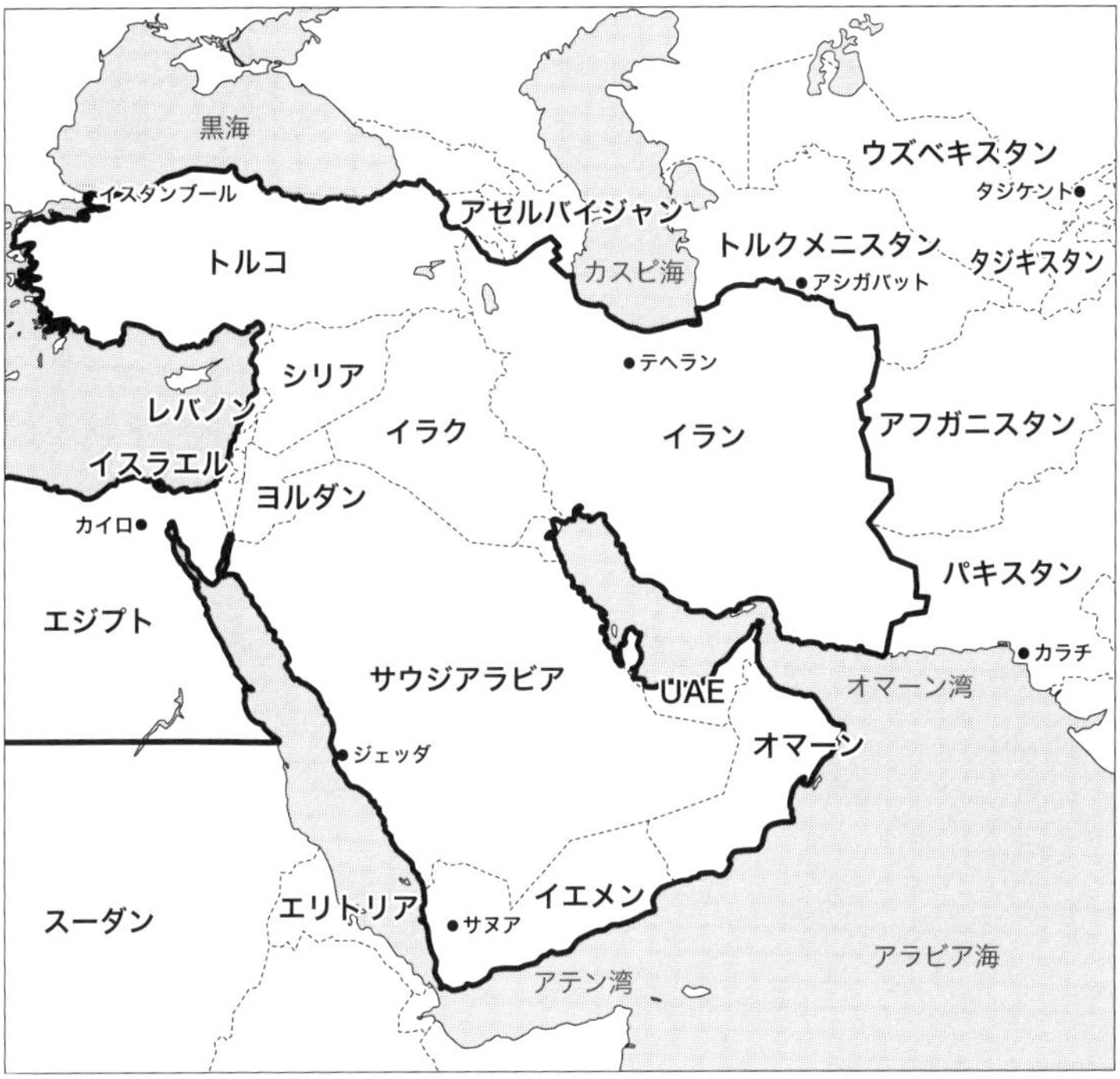

黒海
イスタンブール
トルコ
アゼルバイジャン
カスピ海
トルクメニスタン
アシガバット
ウズベキスタン
タジケント
タジキスタン
シリア
レバノン
イスラエル
ヨルダン
イラク
テヘラン
イラン
アフガニスタン
パキスタン
カラチ
カイロ
エジプト
サウジアラビア
UAE
オマーン湾
オマーン
ジェッダ
イエメン
サヌア
エリトリア
スーダン
アテン湾
アラビア海

第一章 繰り返されるテロと欧州の没落

第一節 ヨーロッパへ拡大された大規模テロ

もはや日本人も対岸の火事ではすまない

「中東」といえば、我々日本人には縁遠い地域であり、彼の地のイスラム教に関しても貧弱な知識しか持ち合わせていないというのが現状ではないだろうか。

しかし、原油輸入の中東依存度の推移をみても、その依存度は八七%程度もあり、天然ガスでは二五%、そしてLPガスに関しても八六%に達している。[1] ある意味で日本の生命線の一角をなす地域であるといえるだろう。つまり、中東の平和が崩れたとき、日本にも相当の影響が及ぶということでもある。

それだけではない。中東は現在世界的なテロの震源地となっているのである。イスラム国によるテロが、二〇一五年一月にはパリで、二〇一六年三月にはブリュッセルで引き起こされ、多くの死傷者が出ている。特にブリュッセルでは日本人の負傷者も出た。中東の問題は、ヨーロッパに拡大し、もはや対岸の火事とはいえなくなっているのだ。

ヨーロッパで頻発する「ホームグロウン・テロ」

二〇一五年十一月十三日に発生したパリ同時多発テロは、自動小銃と爆発物を装備した実行犯九人が三つの部隊に分かれて八か所を襲撃するという組織的な犯行であった。パリ北部のサン＝ドニにあるスタジアム・スタッド・ド・フランス周辺へのテロリストの攻撃は、当時男子サッカーのフランスとドイツの親善試合を観戦していたフランスのオランド大統領とドイツのシュタインマイアー外務大臣を標的としていたことは間違いない。

さらに、テロリストらは、パリ十区と十一区の料理店やバーなど四か所の飲食店で発砲し、多くの死者を出している。特に多くの被害者が出たのは、ロックバンドのコンサートが行われていたバタクラン劇場であった。当時一五〇〇名程度の観客で賑わっていた劇場に立てこもったテロリストらに対し、十四日未明にフランス国家警察の特殊部隊が突入し、犯行グループ三人のうち一人を射殺、二人が自爆により死亡したが、観客八九人が死亡、多数の負傷者という甚大な被害が出た。このテロ事件での最終的な死者は一三〇名、負傷者は三六八名にのぼり、まさしく大惨事であった。

同年一月には、警官二人や編集長、風刺漫画の担当者やコラム執筆者ら合わせて、十二人が殺害された風刺雑誌のシャルリー・エブド社襲撃事件が起きていた。今回のパリの事件は突然発生したわけではなかったのである。

そして、二〇一六年三月十八日にはパリのテロ事件の容疑者であったサラ・アブデスラム容疑者がブリュッセル周辺で逮捕された。すると、その直後の二十二日にはベルギーのブリュッセル国際空港とブリュッセル市内の地下鉄駅でイスラム過激派のテロリストらによる自爆テロ事件が発生した。ブリュッセルのテロでは空港で一四人が死亡、地下鉄では二〇人が犠牲となり、負傷者は双方の計二三〇人にのぼっている。

ブリュッセルの事件の調査からは、パリの事件との関連もあきらかになっている。ブリュッセル国際空港で自爆したナジム・ラーシュラウイ容疑者のDNA型が、パリのテロで使用された自爆ベルトから検出されているためだ。

一連のテロ事件の犯人は、ほとんどがみなフランスやベルギーで育った移民二世、三世であった。パリ同時多発テロの主犯格とされるアブデルハミド・アバウド容疑者は、モロッコ系ベルギー人として一九八七年に、ブリュッセルのモレンベーク地区で服屋を営む中流家庭に生まれている。これまでに特定された他の実行犯も、そのほとんどがフランス国籍、もしくはベルギー国籍を持つ移民二世であった。シャルリー・エブド襲撃事件と同様に、パリ同時多発テロ、ブリュッセル同時多発テロは、国外の過激思想に共鳴した、国内出身者が独自に引き起こす「ホームグロウン・テロ」だったのである。

「イスラム国」のテロ政策転換が事件の背後にあった

事件の後に中東諸国の情報機関から西側情報機関に寄せられた情報によれば、今回のパリでの同時多発テロ事件の背後には、「イスラム国」のテロ政策の変更があったものとみられる。

当初、イスラム国は、孤立したグループによる自発的なテロを奨励してきた。

たとえば、二〇一四年十月二十二日のカナダの首都オタワでのテロ事件では、中東地域で台頭する「イスラム国」壊滅のため、ハーパー政権が空爆参加を表明したことがきっかけだった可能性が指摘されている。また、同年十月二十三日には、米ニューヨーク市警の警官二人が手おのを持った男に襲われ負傷しており、この事件は「テロ」と断定されている。市警が容疑者の自宅から押収したパソコンを調べたところ、イスラム国による人質処刑や、カナダの首都オタワにある連邦議会議事堂付近での兵士殺害に関する記事にアクセスした形跡があったとされる。これらの事例では、イスラム国との関わりは必ずしもあきらかではないが、その影響が推察されている。

それが、歴戦の勇士等によるより専門的なテロ作戦に転換したとみられるのだ。この戦略変更は二〇一五年六月にモスルで開催されたイスラム国幹部らによる会議で決定されたとされる。

この会議で決定されたのは、一部のイスラム国のメンバーが、それぞれのターゲットとなる地域で作戦を統括するということであった。その際には、相当程度の裁量が認められた。そして、イスラム国の情報機関のトップであるアブ・アリ・アル・アンバリの指示にのみ従うものとされた。アンバリ（本名はカゼム・ラシド・アル・ジブリ）は、イラクのアンバル地方における有力部族の出身であり、サダム・フセインの時代に対外情報活動に従事していた元情報将校であった。彼が、イスラム国軍事委員会の指示を海外の各組織に伝えた。ヨーロッパにおける作戦を担当していたのが、アブデルハミド・アバウドであった。彼は、モロッコ系ベルギー人であり、十一月十三日のフランス同時多発テロ事件の計画立案と実行を担当した。[2]
　パリ同時多発テロに関しては、時系列から考えて、ロシアのイスラム国空爆に抵抗するために実行されたとみられる。しかし、この事件とその後のブリュッセルでの事件はヨーロッパに深刻な影響を及ぼしつつある。

フランスとベルギーでテロが起きたことの深刻な意味

　パリのテロ事件は、規模の点でも、事前の対応不足という点でも、フランス警察・情報機関にとってはまれにみる大きな黒星であった。一九六六年から二〇〇五年までで、フランスではテロが一三〇三一七回生じており、その犠牲者は一八〇名であった。それに対して今回の事件は、死者が一三〇名にも及んでいる。ヨーロッパ内で比較しても、一九一名が死亡した二〇〇四年のマドリードでの列車爆破事件に次ぐ規模であった。強固なテロ対策を採用してきたフランスで大規模テロを回避できなかったということは、従来のテロ対策ではもはや十分ではないことを示している。

　その一方で、「ヨーロッパの首都」ともいえるブリュッセルでも大規模なテロが引き起こされた意味はそれにもまして大きい。ブリュッセルには欧州連合（ＥＵ）の本部がある。そのブリュッセルは、長らく、モロッコ系やトルコ系移民を多く受け入れてきた。南西部モレンベーク地区は移民二世、三世のイスラム教徒が数多く居住しており、パリ同時多発テロの実行犯も潜伏していた。欧州の心臓部にはテロリストの巣窟《そうくつ》が併存しているのである。ヨーロッパ文明は、何か深刻な変調を来《きた》しているのではないか。

少なくとも、今後いかなる場所でもイスラム過激派によるテロが生じうると考えておかねばならない。既にイスラム国には化学兵器を製造する技術がある。それに加えて、ブリュッセルのテロ犯人たちは、原子力発電所にも目をつけていたことが判明している。今後のテロは我々の想像を絶する規模になることも覚悟して置く必要がある。そして、テロと反移民運動の衝突はますます先鋭化して行くであろう。そして、その衝突がさらなるテロを生み出す可能性も高いのだ。

とはいえ、テロ事件として表面化する方が、「脅威」を認識することはまだ容易である。むしろ、イスラム過激派が社会のなかに浸透してしまった場合は、その社会にとってより大きな「脅威」となりうる。それが、次に取り上げる英国の事例である。

第二節　イスラム化する英国

イスラム教徒が三五〇万人になる英国の蹉跌

アメリカのシンクタンク「ゲートストーン・インスティテュート」がオンラインで発表している英国のイスラム化の状況には考えさせられることが多い。ここではその記述から、英国のイスラム化の現状を紹介することにしよう[3]。

英国におけるイスラム教徒の人口は、二〇一五年で三五〇万人になる。六四〇〇万人の英国の人口のなかでは、五・五％を占める。この数字からもわかるように、ＥＵ内部ではフランス、ドイツに次いで、三番目にイスラム教徒の多い国となっている。

イスラムとイスラムに関連した問題は、二〇一五年の英国にはいたるところに転がっている。それらは、次の四種類に分類することができる。

一）イスラム過激派とシリアとイラクにおける英国人のジハーディストが与える公安上の問題

二）英国におけるシャリーア（イスラム法）の普及

三）イスラム教とのギャングによる英国の青少年への性的暴行

四）英国の多文化主義の失敗

これらの内容を知れば知るほど、安易な多文化主義の導入により英国社会が取り戻しがつかないほど変質していることがわかる。

英国生まれのジハーディストの恐るべき発言

英国生まれのイスラム過激派であり、「憎悪を植えつける説教師」として有名なのが、アンジェム・チョーダリーである。彼は、二〇一五年一月のフランスパリにおけるシャルリー・エブド本社襲撃事件に関して、ＵＳＡトゥデー紙に次のように語っている[4]。

「一般人の誤解とは反対に、イスラムとは平和を意味するのではない。むしろ、アラーの命令だけに従うことを意味する。したがって、イスラム教徒は、言論の自由などという概念を信じない。なぜならば、言動は神聖な啓示によって決定されるのであって、人々の欲望に基づくものではないからだ」「ますます不安定化し、動揺しはじめた世界のなかで、伝道師であるムハンマドを侮辱することがどのような潜在的帰結をもたらすかは、イスラム教徒、非イスラム教徒にともに知られている。そうであるなら、この場合、フランス政府は、雑誌シャルリー・エブドがイスラムを侮辱しつづけることを黙認しつづけているのだから、市民の安全を危機にさらしているのではないか？」

たしかに、チョーダリーのようなイスラム教徒は英国では少数派である。しかし、英国の言論の自由を用いて、「イスラム教徒は、言論の自由などという概念を信じない」と語っているのであるから、英国社会のなかに大きな亀裂が走っていることは理解できるだろう。

実際のところ、チョーダリーだけでないのだ。イスラム教聖職者のミザヌール・ラーマン（パーマーズ・グリーン）もまた、パリでのシャルリー・エブド襲撃事件を擁護し、「英国はイスラムの敵である」と宣言している[5]。彼は聴衆に対して次のように語りかける。シャルリー・エブドの漫画家は「イスラムを侮辱する」という罪を犯した。それゆえ、「彼らはああなるしかなかった」

そして、彼は次のようにつづけた。「ムハンマドを侮辱すればどうなるかわかっただろう」

注目しておくべきなのは、彼の説教はオンラインで拡散しており、数千のフォロワーがいるということだ。英国の言論の自由を享受しながら、その言論の自由を否定する言説を拡散するのが、英国のイスラム過激派の姿なのである。

そのチョーダリーは現在刑務所に収監されている。人々をイスラム国に行くように促したというテロ罪（対テロ法十二条違反）に問われたのである。これに対して、チョーダリーは、自分は刑務所に入ることを恐れていないと述べる。なぜなら、刑務所で多くの人間をイスラム教に改宗できると考えているためだ。彼は次のように警告している。「私を逮捕して、刑務所に入れても、私は刑務所でも活動を続けるだろう。私は刑務所のすべての人間を過激派にできる」[6]

結局のところ、イスラム過激派の言動を現在の英国は止めることができないのである。

テロリストを「ポップアイドル」化しイスラム国に殺到する少年たち

ガーディアン紙のインタビューで、英国の指導的なイスラム教徒の検察官であるナジル・アフザルは、英国の子供たちは以前に考えられていたよりもはるかに「ジハード・マニア」の危険にさらされていると警告している。その理由は、子供たちが、イスラムテロリストを「ポップアイドル」のように見なしているためだというのである。

アフザルは述べる。「少年たちは、彼らのようになりたいと考えている。そして少女たちは彼らとともにありたいと願っている。これは以前にビートルズに関して言われていたことだ。最近ではワン・ダイレクションやジャスティン・ビーバーといったところだ。テロリストが流すプロパガンダは、マーケッティングに似ている。そしてそのイメージに没入してしまう十代の若者があまりに多すぎるのだ。

十代の若者は、比較すれば自分たちが貧しいと考えている。そして、自分たちが利用されていることに気がついていない。過激派は彼らにあたかもナンパするように接近する。彼らを操作し、友人や家族から遠ざけ、それから彼らを連れ去ってしまうのだ。

彼らが、もしシリアに赴けば、帰ってくる頃にはさらに過激になっている。もし、彼らがシリアに行かなかったとしても、問題になるだけだ。時限式の爆弾のようなものなのだから」[7]

たとえば、ルートン出身のイスラム過激派のラヒン・アズィズの例をとりあげてみよう。彼は、シリアでAK-47を振り回しているところを写真に撮られている。彼はアブ・アブドラ・アル・ブリターニと自称し、次のように記している。「自分の英国のパスポートをどうしようか決めかねている。燃やすか、トイレに流すか。実際、(パスポートには)つばを吐きかける価値もない」[8]。ラヒン・アズィズのようなイスラム過激派に自らを投じた英国人は、もはや英国への帰属意識も失っているのである。

ラヒン・アズィズは三十代であるが、十代の若者もイスラム国に駆けつけていることはすでによく知られている。たとえば、ウエスト・ヨークシャーのデューズバリー出身のタルハ・アスマルは、家を去り、二〇一五年四月にイスラム国に加わった。そして英国最年少の自爆テロ犯となったと信じられている。彼は自らの命と引き替えにイラクの製油所に攻撃を仕掛けたのである。友人たちは、彼のことを「普通のヨークシャーの若者」と述べている。たしかに、それは事実なのかもしれない。というのも、以前は紡績工場が建ち並ぶ都市であったデューズバリーは、二〇〇五年七月七日にロンドン爆弾テロの首謀者であったモハンマド・シディック・カーンも含む数十名のイスラム過激派と関わりのある街であるからだ。アスマルの享年は十七であった[9]。

また、アミラ・アベイズは、やはり二〇一五年二月に、わずか十五歳で、イスラム国に、「聖戦士の妻」としてシリアに赴いている。

この少女の父であるアベイズ・ハッサンは、自分の娘をイスラム過激派の集会に連れて行った後で過激になったのかもしれないと認めている。この過激派の集会を組織したのは、アンジェム・チョーダリーによって運営されていたアル・ムハジルーンという現在では禁止されているイスラム団体であった。この父親自身が、イスラム過激派に深い共感を覚えていたのである。[10] この例からもわかるように、青少年がイスラム過激思想に影響を受けるのは、家族のような親近者からという場合も多いのである。

英国の治安よりもイスラムの大義

一月十六日には当時コミュニティー・地方政府大臣を務めていたエリック・ピックルズが、英国の一〇〇〇名以上のイスラム教指導者（イマーム）に対して、イスラム過激派に戦う際の助力を求め、誰が憎悪をまき散らしているのかをたずねる書簡をだしている。[11]

これに対してイスラム教徒のグループは、英国政府は「イスラム恐怖症（Islamophobia）」を掻《か》き立てていると主張し、謝罪を要求した。[12] 一部のイスラム教徒にとって英国の治安はさして重要ではなく、イスラム教の大義のほうが優先されるのだ。

実際のところ、英国民の生命と財産を守るという英国政府の立場からすれば、同じ英国民に協力を求めることは、実に自然なことである。しかし、協力を求められた相手が、その意思がない場合、この問題は永遠に解決されないことになる。

また、テレグラフ紙の報道によれば、パリのシャルリー・エブド襲撃事件で密接な関係がある有罪判決を受けたアルカイダのテロリストが、人権を理由に国外退去処分をまぬがれた。バグダッド・

メジアーヌは、五十歳のアルジェリア系英国人である。彼は、二〇〇三年にジハーディストを募集するテロ・ネットワークを運営し、アルカイダに資金提供を行ったという罪状で投獄された。しかし、刑期よりも五年も早く釈放され、レスターの家族のもとに帰った。そのとき以来、メジアーヌは、彼を国外退去させようとする試みをうまく回避している。英国政府が繰り返し、彼は「英国にとって危険である」と主張しているにもかかわらずである。[13]

ここには、もう解決はありえない。たとえジハーディストであろうと英国は自国民を国外退去させることはできない。しかし、ジハーディストは英国をイスラムに対立するものとして敵視している。英国の多文化主義は、英国に繁栄をもたらすどころか、分裂と崩壊を導きつつあるのだ。

このように、イスラム勢力の英国における存在感は我々の想像を絶するものである。そのために、英国では、反イスラム的な言動には自己規制が求められるようになっている。

たとえば、英国秘密情報部の元部長であるサー・ジョン・サワーズは、英国人に、英国内でイスラムテロリストからの攻撃を避けたければ、イスラムを侮辱することは避けるようにと警告している。「他者の核となる価値を軽蔑するならば、怒りの反応を引き起こすことになる。(中略) 我々西洋人には自制が求められる」と彼は述べている。

しかし、英国ではさらなる自己規制が求められる事態に陥っている。たとえば、英国放送(BBC)のアラビア語放送部門のトップであるタリク・カファラは、シャルリー・エブド事件で一二名の命を奪った人間の行為に対して「テロリスト」という言葉を用いるのはあまりに「偏っている(loaded)」と述べている。英国では、シャルリー・エブド事件の犯人に対して「テロリスト」と呼ぶことすら憚《はばか》られる風潮が生まれているのである。

さらには、ＢＢＣの国内問題担当責任者が、チョーダリーを、非暴力主義のマハトマ・ガンジーやネルソン・マンデラにたとえたために国内から激しい批判を浴びているほどなのだ。[14]

跋扈するレイプ事件

サウス・ヨークシャーにあるロザラムでの子供への性的暴行事件も我々の想像をはるかに超える規模であった。二〇一四年八月に発表されたアレクシス・ジェイ報告書によれば、一九九七年から二〇一三年の間に、少なくとも一四〇〇名の子供が性的暴行を受け、その大部分がイスラムギャングによるものであった。警察や行政はこの問題の対処に失敗した。それは、「レイシスト」もしくは「イスラム恐怖症」とレッテルを貼られることを恐れるという政治的な正しさ（ポリティカル・コレクトネス）が原因であった。[15]

この報告書によって、誤った政治的な正しさ（ポリティカル・コレクトネス）と、事なかれ主義のために、非常に多くの少女が、十五年にわたり、定期的にイスラム・ギャングに暴行されていたことが明らかになると、ロザラム市の幹部は全員辞任した。わずか九歳の子供までが誘い出されて、誘拐され、町のパキスタン人社会のメンバーに暴行されていた。しかし、市議たちは、レイシストとレッテル貼られることを恐れるあまり、これらの性的暴行を黙認していた。[16]

ロザラムでの出来事は、少女に対する暴行事件が十年以上にもわたってつづけられていただけでなく、それを市当局が隠そうとしてきたことが暴露された一件であった。

二〇一五年の二月には、子供に対する性的暴行の容疑で英国警察は四五名のイスラム教徒を逮捕した。ノーサンブリアでは、婦女暴行強制売春の罪状で二〇名の容疑者が、裁判に出廷した。被害者は一二名で、その中にはわずか十三歳の少女も含まれていた。ウエスト・ヨークシャーのハリファックスでは、子供に対する性的暴行の容疑で二五名の男性が告発された[17]。「ゲートストーン・インスティテュート」によれば、これらのムスリムギャングによる英国での暴行事件は「産業規模」であるとされる[18]。

溶解する英国社会の現実

英国の司法にも揺らぎがみられる。アシフ・マスードは、無免許飲酒運転で、友人の車を消火栓にぶち当てた。しかし、彼はなんと投獄を免れたのである。というのも、彼が裁判官に対して、自分がムスリムの信仰を再発見し、断酒したと主張したためであった[19]。

近代国家であれば、宗教上の理由から刑事罰が軽減されることがあってはならないだろう。しかし、これが英国の現実なのである。

また、リバプールのある裁判官は、奇妙な理由から、裁判を停止した。彼は被告のケリム・カートが、コーランではなく新約聖書に手を置いて裁判で宣誓を行ったためである。カートは聖書に基づいて宣誓したのは、自分は聖書を尊重しており、自分が滞在する国の聖書に基づいて宣誓することを望んだと説明したが、裁判官は「イスラム教徒としてコーランに基づいて宣誓するべきだ」と述べた[20]。

英国国教会のワーテルローにある聖ジョン教会の進歩的な教会区司祭であるジルス・ゴダードは、自分の管理する教会でイスラム教の礼拝を行うことを許可した。彼はまた自分の信徒団に「我らが愛する神、アラー」と褒め称えるように求めた。英国国教会でイスラム教の礼拝が行われたのはこれが最初であった。[21]

しかし、このような物わかりのよい聖職者ばかりではない。女王陛下付きの牧師であるガヴィン・アッシェンデンは、コーランのなかにある一〇〇以上の断章が「人々を暴力に導く」と懸念を表明している。[22] これは、「若者はイスラム教に転向している。それは、主流派の宗教が、十分に『刺激的』ではないためだ」というカンタベリー大司教のジャスティン・ウェルビーの発言に反応したものだった。[23]

英国中のイスラム教徒の女性が、女性を二級の市民として規定するシャリーア（イスラム法）の法廷によって、組織的に抑圧され、暴行され、差別されていると、警告する報告書が発表されている。「パラレル・ワールド：現在の英国でのイスラムの多くの女性に対する虐待との対決」というこの四十ページの報告書はキャロライン・コックス女男爵によって執筆された。彼女は英国貴族院の無所属議員であり、英国における女性の権利の指導的な擁護者である。[24]

この報告書が正しいとすれば、今日英国ではシャリーアの影響力が増大するにつれて、英国市民は英国の法律の前に平等でなければならないという根本的な原則が突き崩されつつあるといえる。

「ロンドンの一部は英国警察が立ち入れない」

二〇一五年末、共和党のアメリカ大統領候補であるドナルド・トランプ氏は、ロンドンの一部は英国警察が立ち入ることができないと述べた。この発言に対して、キャメロン首相も強く反発しており、テレサ・メイ内相も、「ロンドン警察は外回り街路を警備することを恐れていません」と述べている。しかし、現場の警察官の声は異なるようだ。

たとえば、西ロンドンで様々な所轄を経験してきた警官は次のように述べている。「私がバーンリーにいた十代の頃は、白人立ち入り禁止地区などなかったんだ。しかし、白人立ち入り禁止地区は現在では全国に分布している。ロンドンでも、いくつかの地区では働いているときに特に警戒が必要だ」

また別の警官も、所轄の警察署長が首都の一部の地域で制服を着用しないように求めていると証言している。[25]

さらにランカシャー州警察の警官は、次のように述べている。「(ランカシャーの州都である)プレストンには、ムスリム地区がある。もしパトロールをする場合には、ムスリム共同体の指導者に許可を得なければならない」この発言に対しては、ランカシャー当局は否定している。[26]

警官が所轄をパトロールするにも、イスラム共同体のボスに許可を得なければならないとすれば、英国の司法制度は根底のところから浸食されているといえるだろう。

第三節　中東に呑み込まれる欧州

存在感を増すイスラム過激派

フランスは、イスラム国の大規模テロに屈し、英国では、チョーダリーのような英国生まれの過激派が勢力を伸ばしつつある。フランスでは、移民二世の世代が、軽犯罪を何度も繰り返すうちに、イスラム過激派のイデオロギーに染まり、続々とテロリストもしくはテロリスト予備軍となっている。とくに、英国の場合、地方自治体ですら国内のレイプ事件にも目をつむり、警官が制服を着て立ち入ることができない場所が全国分布している。海外からの移民を受け入れているヨーロッパ諸国は、国内に台頭するイスラム教のうねりに、もはやなすすべもないのである。

この現象を我々はどう考えるべきなのだろうか。

一つ言えることは、かつては世界を支配したヨーロッパ文明が、今度は逆に中東の動乱によって、イスラム教の影響圏に変質しつつあり、根底から揺らいでいるということだろう。かつては西洋諸国のなすがままであった中東地域が、今度はヨーロッパを危機に引きずり込んでいるのである。

自分が住む国の法律を尊重しない英国のイスラム教徒のあり方には疑問を覚える。しかし、それぞれの国家が信教の自由を尊重する限り、ヨーロッパ諸国のイスラム化は不可避であろう。

だからといって、イスラム教をことさら敵視する見方にも強い違和感を感じないわけにはいかない。たとえヨーロッパであれ、多くのイスラム教徒が平和裏に暮らしているのも事実であって、「イスラム教」それ自体に問題があるわけではないからだ。むしろ、イスラム教の大義名分を政治利用するイスラム過激派の動向こそ注目されるべきであろう。そして、イスラム過激派の動向は中東の政治状況と緊密に連動しているのも事実なのである。つまり、中東の政治的変動は、そのまま、イスラム化したヨーロッパ諸国を巻き込みながら、全世界に大きな影響を与えるようになるということだ。

なぜ中東のインテリジェンス研究が重要なのか

ヨーロッパにおけるイスラム過激派の台頭の原因は、安易な移民政策によるところも大きい。しかし、移民やその子孫が必ず過激派になるわけではない。そもそもイスラム過激派がどのようにして生まれたのかを検証しなければ、問題解決の糸口すら見いだせないだろう。イスラム過激派を生み出したのは、直接的には、一九七九年のイラン革命であり、ソビエト軍によるアフガニスタン侵攻であった。しかし、もう少し長い尺度で見れば、中東地域の自己主張は一九五〇年代のエジプトのナセルの時期から始まっている。とするならば、せめてナセルの時期から検証を始めねばならないということになろう。しかも、先に述べたようにナセルの時代から非常に高度な情報活動が行われているのである。

中東に関しては、すでに地域研究分野での膨大な先行研究がある。しかし、それらの多くは、エジプトならエジプト、イランならばイランという具合に、一国に関する研究である場合がほとんどである。これらの国々が相互にどのような関係を築いてきたのかに関しては十分にあきらかにされてきたとは言いがたい。そして、情報活動、インテリジェンスという点では、イスラエルの情報機関に関心が集中しており、イスラエル以外の諸国の情報活動に関して言及されることはほとんどなかったといってよい。現在のイスラム過激派の問題についても、その発端は中東諸国による情報活動に起源がある。中東における情報活動の歴史を振り返ることなく、中東の平和の問題も、頻発するテロの問題も、その本質を理解することはできないのではないか。インテリジェンスは、中東理解にとってのミッシングリンクなのである。

本書では、中東諸国のインテリジェンス・ヒストリーから、それぞれの国の特徴をあきらかにし、その相互関係をあきらかにすることで、現在中東で生じているさまざまな事件を考える手がかりを提供したいと考えている。この試みの成否に関しては、読者の審判を素直に仰ぎたいと思う。

第二章 中東諸国の原型となったエジプト

この章で取り上げるのはエジプト、それもナセル時代前半のエジプトのインテリジェンスである。ナセルとインテリジェンスの関わりを取り上げることで、中東における権力者の発想を透視することにしよう。

ガマル・アブドゥル・ナセルは、一九五〇年代から六〇年代にかけて活躍したエジプトの軍人・政治家である。一九一八年生まれの彼は、一九三七年王立士官学校に入学し、士官学校教官となる。一九四八年のパレスチナ戦争に参加し、敗北を経験する中で、国内変革の必要性をますます強く意識するようになった。

その後、陸軍の青年将校の秘密組織であった自由将校団の結成に際しては中心的な役割を果たした。一九五二年七月、自由将校団によるクーデターは政権打倒に成功し、名目的な指導者であったナギブ将軍を排除すると、自己の権力基盤を固め、一九五六年の新憲法のもとで大統領に選出された。

五六年七月、スエズ運河国有化を実施し、つづいて勃発したスエズ戦争を切り抜け、一躍アラブ世界の英雄的な存在となった。さらには、一九五八年に、シリアとエジプトの併合（アラブ連合共和国）

を実現した。ここに至って、ナセルのアラブ統一、アラブ民族主義運動は頂点に達した。だが、一九六一年九月シリアがアラブ連合から離脱したのち、一九六二年からエジプトは、イエメンでの内戦に介入した。しかし、この介入は泥沼化し、一九六七年の第三次中東戦争では、イスラエルにわずか六日で敗退した。エジプトは自国領土の一部であるシナイ半島を占領され、ナセルの威信は国の内外で失墜した。失意の中で、パレスチナ問題の政治的解決を目指すも、一九七〇年九月二十八日、疲労で倒れ急死した。

このように、最終的には挫折したとはいえ、エジプトにアラブの栄光をもたらしたのがナセルという人物であった。そして、ナセルの政治活動が、後の中東の歴史に一つのモデルを提供していることはあきらかだ。アラブ社会主義の旗印の下に、全中東世界を統一するという桁外れな野望を実現しようとしたナセルにとって、情報機関とは欠かすことができない道具であった。その野心的な活動は、後の中東諸国によって模倣され、踏襲されているといってよい。したがって、中東世界の諸国家のあり方を知るうえでも、ナセルは絶好の「テキスト」なのである。

第一節　ナセルのクーデターと公安機関

英国の統治下のエジプトの惨状

一八八二年以来、エジプトは英国の統治下にあった。その口実はエジプトの主権をエジプト軍から守るというものであった。言い換えれば、それ以前は、軍がしばしば政治に介入し、軍の士官と市民のための権利を要求していたのだ。その介入は不幸しかもたらさなかった。何十年にもわたって、エジプトは英国による息の詰まるような委任統治の下に置かれていた。英国は、エジプト統治によって、エジプトの資源を好きなように利用しただけでなく、英国の統治に反対する君主や内閣をことごとく罷免《ひめん》した。軍の定員は充足されることがなく、装備も不十分で、些細《ささい》なパレードのための訓練が行われるに過ぎなかった。

一九二三年に、エジプトは英国から形式的に独立と自らの憲法を勝ち取る。しかし、それはその四年前から始まった市民の騒乱の結果であり、軍の関与は見られなかった。

この独立から三十年経った後でも、依然としてエジプトの実質的な主導権を握っていたのは英国であった。一九三六年に即位した若く有望であったファルーク国王は、首都から数マイル先に駐留する英軍を無視して自由に統治することはできなかった。その不満は、当時のエジプトの不安定な議会制度に向けられた。国王はしばしば議会で与党を占める民族主義政党であったワフド党に対して王権が優先することを主張した。そして、しばしば英国とも示し合わせたうえで、なにかと理由をでっちあげては議会を解散し、王党派に実権をとらせたのである。国王は、政敵を暗殺することもあった。一方ワフド党は、議会を率い政治の実権を行使するという民主主義的な権利を確保するためであれば、英国を含めて、誰とでも組むことが許されていると考えていた。この国王と与党のいたちごっこは、エジプトの国内政治を損ねただけでなく、英国の実権をさらに強固にしたのである。

その一方で、国家の独立は道徳的な改革とイスラムへの厳密な帰依《きえ》によってのみ達成されうるという主張が宗教界から高まっていた。一九二八年には、ムスリム同胞団が創設され、支持者は日を追って増大した。一九四〇年代末には、ムスリム同胞団の支持者は、エジプト国内に人口の一〇%に相当する二〇〇万人にまで膨れあがっていたのである。[1]

自由将校団によるクーデターと情報機関の祖ムヒ・アル・ディン

一九五二年七月二十三日にエジプトで自由将校団によるクーデターが勃発した。その後の二年の間に、軍人たちは政治家を取り除き、君主制を廃止し、政党を禁止し、土地改革を推進、進歩的な労働法制を導入し、さらには教育への予算も増やして、一党国家を築き上げた。非同盟政策は一九五五年まで採用されなかったが、自由将校団は、英国に対して英軍のスエズ運河からの撤退を求め、スーダン分割に関しても新たに協議を開始する腹づもりであった。これらの激動の中心にいた人物こそ若く精力的な陸軍士官であったガマル・アブドゥル・ナセルであった。

一九五二年七月二十三日の革命直後、カイロでは緊張が高まっていた。多くの自由将校団の将校らが、陸軍の反対派、ワフド党、ムスリム同胞団、それに前体制の支持者らによる暗殺や陰謀を恐れていた。

こうした環境のなかで、新体制が国内の治安の維持と情報機関の改革を重視したのは驚くべきことではなかった。この課題に取り組んだのがザカリア・ムヒ・アル・ディン中佐であった。彼はクーデターの首謀者の一人であり、ナセルの同僚であった。彼には情報活動の経験がまったくなかったにもかかわらず、軍情報部長に指名された。当然のことであるが、軍の情報将校の間にはこの指名は憤慨を引き起こした。しかし、軍情報部の忠誠心を確保しておくことは決定的に重要であることを軍幹部も理解していたのだ。このザカリア・ムヒ・アル・ディンこそ、現代エジプトの情報機関の祖といえる人物である。彼は軍情報部のあり方を見直し、強化に励んだだけでなく、国内の公安情報機関（GID）、それに対外情報機関（EGIS）の創設に尽力したためである。

現代エジプト情報機関の祖ザカリア・ムヒ・アル・ディン
©ZUMAPRESS/amanaimages

新たな情報部部長として、ムヒ・アル・ディン中佐は軍の情報活動を統括した。さらに、文民の警察が消滅していたので、軍情報部がエジプトでの公安活動も担当することになった。クーデター前の軍情報部は、士官の忠誠心の調査、防諜活動、軍士官の海外旅行の管理、外国の軍事能力の分析を行っていた。ムヒ・アル・ディンが部長に指名されると、軍情報部の活動は急速に拡大した。軍情報部は、内外での革命活動の擁護だけでなく、エジプトの主要な敵、すなわち英国とイスラエルに対しても直接関与するようになっていた。しかし、共産主義の脅威に関しては言及されることはなかった。

また、自由将校団は、軍情報部のチャンネルを用いて多くの外交を処理していた。そして共産主義の脅威が西側諸国との対話の中心を占めていた。七月のクーデターから数週間以内にエジプトの陸軍と空軍の反共主義者の将校らは西側諸国の武官から共産主義者の活動に関する機密情報を受け取っていた。そのなかにはエジプトの共産主義者が米軍基地と中東のパイプラインに対する破壊工作を計画しているという情報もあった。政治的に微妙な問題ですら、自由将校団は軍情報部のパイプを用いる傾向があった。たとえば自由将校団による文民の首相の罷免の決定という情報を米大使館に伝えたのは軍情報部であった。[2]

共産主義の脅威とGIDの創設

しかし、すぐにあきらかになったのは、新たな秘密警察の創設が見送られていたために、軍情報部による公安活動が拡大しすぎているということだった。エジプトの新首相は、政治警察の廃止を約束していたが、軍首脳部はすでに、以前よりも権限と能力が強化された文民の情報機関の創設を決定していた。実際、一九五二年七月三十一日にはすでに、西側諸国の駐在武官に共産主義者のプロパガンダと戦い、共産主義者の幹部を逮捕するための秘密委員会の創設を伝えていた。

しかしエジプトの自由将校団が文民の公安機関の創設を迫られることになった直接的なきっかけは、一九五二年八月十二日から十三日にかけてカフル・アル・ダウル近郊の織物工場で発生した抗議活動であった。この抗議活動は賃上げと労働条件の向上を求めたものであったが、すぐに現場の警察の対応能力を超えてしまった。そこで、抗議活動を鎮圧するために軍が投入されたのである。軍情報部はワフド党もしくは共産主義者がこの抗議活動を引き起こしたと確信していた。ムヒ・アル・ディンが軍の投入を決定したために、彼は同僚から、スターリンの公安組織の長の名前をとって「ベリヤ」と呼ばれたのだった。[3]

この事件は、ナセルがアメリカとの関係強化を図る際にも役に立った。ナセルは、カフル・アル・ダウルでの事件で、断固として自らが反共という立場にあることを印象づけた。ナギブが、漸次的発展が重要であると主張しても、アメリカが信頼したのはナセルだったのである。[4]

新しい政治警察は一般調査局（General Investigation Directorate：ＧＩＤ）と呼ばれた。この情報機関は後に国家公安調査局（State Security Investigations Service：ＳＳＩＳ）となる。ＧＩＤの創設当初、ＧＩＤはムヒ・アル・ディンと軍情報部の幹部により運営された。ＧＩＤが対象としたのは、ムスリム同胞団、ワフド党などであった。ＧＩＤは前政権の特別部（special section）のアーカイブも継承した。[5]

このように、ナセルがまず再建したのは、公安情報機関であった。つまり、公安情報機関が、すべての情報機関の礎《いしずえ》であり、基盤なのである。当初自由将校団を指導していたムハンマド・ナギブが失脚するのも、ナギブが軍内部に自らの組織を持たなかったためであった。[6]現在の日本でインテリジェンスが議論されるときには、対外情報活動や、せいぜいプロパガンダが話題に上るにすぎない。しかし、後に見るように、公安情報機関が国家の存続を計る最後の一線なのであって、この基盤があってこそ、後のナセルの野心も壮大に展開されることになるのである。

GIDを援助したCIA

自由将校団は、軍情報部を強化し、GIDを創設するにあたってアメリカに助言を求めた。すでにアメリカはエジプト軍士官へのインテリジェンス教習課程での訓練を行っており、FBIもクーデター前から訓練先の候補であった。アメリカがGIDに「アメリカ流の共産主義者への対処法」の訓練を行ったのは、エジプトの新体制の要求によるものであった。この費用はエジプトがすべて支払った。

このようにCIAは反共という観点からエジプトの新体制には好意的であった。一九五二年十月にはCIAのカーミット・ルーズベルトJrがカイロに現れた。[7] そのカーミット・ルーズベルトJrは、ナセルに対し、アメリカ大統領の特別顧問として、この地域のアメリカ外交を担当していると語った。すぐにナセルとカーミット・ルーズベルトJrは打ち解け、お互いをファーストネームで呼び合うようになった。

ルーズベルトの到着とともに米大使館の活動様式も定まった。大使館が対応するのは、事実上の自由将校団のトップで初代のエジプト大統領となるムハンマド・ナギブ将軍で、カーミット・ルーズベルトJrがナセルに対応した。

カーミット・ルーズベルトJrには部下の助けが必要であった。エジプトが情報活動の訓練を要求していたこともあり、エジプトでのCIAの活動は拡大していた。その後、カーミット・ルーズベルトJrの仕事を分担するために数名のケースオフィサーが派遣された。その中にはCIAの新支局長のジェームズ・アイシェルバーガー（James Eichelberger）もいた。彼は米陸軍防諜部隊、OSS、それにシカゴでの広告会社勤務を経て、CIAに参加したのだった。一九五三年七月には、アイシェルバーガーのかつての同僚、マイルズ・コープランド（Miles Copeland）、フランク・カーン（Frank Kearn）が加わった。当時のエジプト人ジャーナリストの評によると、コープランドは「広告屋で、常にアジテーションを止まることなく語りつづける」ような人物であった。カーンはといえば、表向きの肩書きはCBSのジャーナリストであり、革命司令部にPRの方法を指導することであった。

CIAの初期の任務はGID創設を援助することであった。いくつかの情報源によれば、コープランドがGIDにアドバイスし、警察ファイルを再構築し、ナセルのボディーガードの訓練まで行ったのだった[8]。

ドイツ「BND」の創設者ゲーレンも協力

GID設立に協力したのはアメリカだけではなかった。カイロはアメリカに依存しすぎることを恐れていたために、ドイツ連邦情報局（BND）の創設者であるラインハルト・ゲーレンにも協力を求めた。これはCIAも承知のうえであったと考えられる。

そもそもエジプトには英国に反対するという意味で、ドイツには伝統的に親近感を寄せていた。

そのために、一九四八年から、元ドイツ人将校が雇用されることになったのである。彼らは革命後もエジプトに留まった。そのなかの一人がゲルハルト・ゲオルク・メルティンス大佐であった。彼はエジプト空挺部隊の訓練を行い、スエズ運河地域に駐留する英軍に対応するためのゲリラ戦能力を養成した。ＧＩＤの訓練のために、ゲーレンはオットー・スコルゼニーを派遣した。彼と以前の同僚であったドイツ人がＧＩＤ創設に協力したのであった。

しかし、彼らの協力のスタイルは、一軒の家をあてがわれ、そこで体験記を記すというものだった。そのために、こうしたドイツ人によるエジプト情報機関創設への貢献がどの程度のものであったのかを評価することは難しい。

結局のところ、エジプトは自らの手で情報機関を作り上げたというのが真相であった。自由将校団は、情報を収集、翻訳、分析する退役情報将校を再び結集させ、ドイツ人の手記からだけでなく、公に利用できたさまざまな文献も利用して、軍、外務省、ＧＩＤ、さらには後に創設される対外情報機関のための情報活動の訓練学校を創設したのだった。[9]

とはいえ、この時期がＣＩＡにとっての最良の日々であった。この時期のＣＩＡが成功を収めた要因は、ナセルを含むエジプトの政府要人との人脈を築き上げていたこと、ＣＩＡによる潤沢な資金援助、それにエジプトの敵に対する情報共有にあった。カーミット・ルーズベルトJrも、エジプトがのどから手が出るほど必要としていた経済援助をアメリカからもたらすことができるのは自分だけだと公言していた。ＣＩＡは、ＧＩＤ、そしておそらくは軍情報部にも、ソビエト共産党やエジプト共産党に関する情報と同様に、小型無線機、カメラ、盗聴器を提供していた。

それと同時にナセルはＣＩＡがホワイトハウスにも情報源を持っていたことを認識していた。そのうえで、状況が許す限りアメリカの国務省よりもＣＩＡを優遇したのだった。しかし、その一方でカーミット・ルーズベルトJrがイランの首相のモサデク政権転覆にも関わっていたことを知っていたことは疑いがない。

中東におけるＣＩＡの工作が成功すればするほど、逆にＣＩＡに対する疑念がナセルに生じたのは皮肉なことであった。ＣＩＡによるスパイ活動、影響力の切り売り、さらには、イランのモサデクと同じように自らも暗殺されるのではないかという疑念をナセルは抱くに至ったのである。[10]

軍の問題と共産主義者との戦い

エジプト情報機関にとって最初の監視対象となったのが、エジプト軍である。すでにクーデター直後の一九五二年八月には、自由将校団はムスリム同胞団に関する警告を受け取り、予備役士官の陰謀を阻止したのだった。このクーデター未遂に連座したのは軍情報部副部長のハサン・ナガル（Hassan Naggar）准将であった。彼はクーデター未遂に関して知っていたかもしれないが、それを警告できなかったのだ。あるいは、ナガルは罠にかけられたのかもしれない。というのも、軍の内部にスパイ網を張り巡らせていたのは軍情報部ではなくムスリム同胞団だったからである。

さらに同年の十二月には、軍情報部は共産主義者に扇動されたとされる空軍の機械工らの陰謀を暴露することに成功した。

しかし、これらの陰謀は次に来るものに比べれば遙《はる》かに些細な陰謀であった。空軍での陰謀が暴露されたのと同じ月、軍情報部の調査は砲兵将校の間に見られた不穏な情勢に及んでいた。一九五三年一月十四日から十五日にかけて、当局はムスリム同胞団と深い結びつきがあり、摂政政府委員会（Regency Council：当時エジプトは形式的には君主制であった）の委員をつとめる大佐を含む三五名の士官を逮捕した。砲兵隊将校のクーデター未遂に続いたのは、自由将校団のトップを務めていたムハンマド・ナギブと騎兵隊の彼の支持者の追放であった。

この時期から軍情報部が軍内部での陰謀を検知することが困難になっていた。しかし、軍情報部は長期的にわたって一般兵士の間に浸透し、叛乱予備軍を特定して取り除く能力を向上させることで、こうした弱点を補った。それに加えて、士官の間の相互監視も奨励されることになった[11]。

軍の不穏な情勢はナセルと彼の同盟者にとって懸念の源であった。とはいえ、共産主義者の問題は別の話であった。

軍情報部は一般兵士への共産主義者の浸透工作と戦うために防諜組織を強化した。一九五三年二月に、軍情報部は対共産主義局を設立した。その後米英との共産主義に関する情報共有が進み、軍情報部は共産主義者プロパガンダを無力化するための訓練マニュアルを米英に要求したのだった。

情報交換はすぐに実を結んだ。三月には軍情報部とＧＩＤは共産主義者の容疑者を逮捕し、発見された文書をアメリカと共有した。その翌月にはイサム・アル・ディン・ハリル空軍大尉が、アラブ圏での共産主義プロパガンダのスポンサーを特定するための手助けをアメリカに求めている。

ＧＩＤは、前政権の公安活動を担当していた特別部によって管理されていたファイルと情報提供者を利用した。ＧＩＤの対共産主義局は、共産主義者や労働運動に関する情報を求めるアメリカからの要請に答える一方で、GID士官によって配布される反共プロパガンダを準備する際の支援をアメリカに求めている。

一九五四年五月の記者会見で、GIDチーフのアブド・アル・アズィズ・ファミは、共産主義と戦うことはすべてのエジプト人の義務であり、「破壊活動」と戦うにあたって国民の支持が必要だと念を押した。ファミは、共産主義者を「金を受け取るエージェント、不良学生、失業者」だと述べ、彼らが外国につながった要素によって扇動されているとこき下ろした。さらに、「エジプトにとって危険なあらゆる破壊活動」には共産主義も含めて「シオニスト運動」と密接につながっていると強調したのだった。

実際のところ、当時の共産主義の脅威がどの程度のものであったのかを評価することは困難である。地下政党や労働運動の構成員は、一九五〇年には五〇〇〇名であったのが、一九五六年には五〇〇〇名に増加していた。しかし、運動は分裂になやまされ、大衆の支持もなかった。それに輪をかけたのが、GIDによる潜入工作と反共プロパガンダであった。実際のところ、共産主義の脅威は、ナセルとその同僚たちにとっては「現実的な」ものだったのだろうが、実際にはエジプトと西側情報機関との協力の基盤として機能したのだった。

その背後で一九五二年のクーデターから数か月後にはナセルはソビエト情報機関との協力を求めるようになっていた。モスクワ駐在エジプト大使が、ソビエト側にエジプト人情報将校の訓練を求めたという情報がある。しかし、ソビエト側はカイロの新政権と西側とのつながりを警戒して断った[12]。

当時のエジプト政府は、一貫して反共政策を採用していた。しかし、それは、第一に、国内の治安を脅かす恐れがあったためであり、第二に、反共政策が外国との協力関係を築く膠《にかわ》の役割を果たしていたためであった。ここで興味深いのは、その反共政権であったはずのエジプトが同時にソビエトに接近している点である。これは、ナセルが、というよりはエジプトという国家が、宗教を含めたあらゆるイデオロギーに対して強い不信感を抱いていたためであったと考えられる。そのために、便宜主義的に、平気でソビエト・ロシアとも接近できたとも考えられるのだ。二〇一一年のエジプトにおけるアラブの春で、ムバラク政権は崩壊したが、その後、ムスリム同胞団の政権を経て、すぐに軍政が復活した。エジプトにイスラム政権が根付かないのは、エジプトの世俗主義的国家としての伝統が非常に根強いためであるとしか考えられないのである。

ムスリム同胞団が最大の脅威

新体制は共産主義者に対してプロパガンダ活動を行ったが、ムスリム同胞団の方がより恐るべき敵であることを知っていた。ムスリム同胞団は、ただ単に構成員が多かっただけでなく、エジプトの歴史と文化にしっかりと根ざした魅力的なイデオロギーを有していた。自由将校団から見てより警戒するべき対象であったのは、ムスリム同胞団であった。ムスリム同胞団には、目標を実現するためであれば、群衆を動員し、暴力を用いる能力があったためである。

とはいえ、新体制は、ムスリム同胞団とは、少なくとも表面的には、友好的な関係を維持していた。それどころか一九五三年一月からは政党として公認してもいたのだ。ナセルとナギブは、ムスリム同胞団の創設者であるハサン・アル・バンナの廟に参拝することを約束していた。その一方で、ムスリム同胞団も共産主義者や軍内部の陰謀に関する情報を当局と共有しつづけていた。

しかし、相互の諍《いさか》いが表面化するまでにさして時間は掛からなかった。それから数か月後にナセルとナギブの間での反目が生じると、ムスリム同胞団は、ナギブの側についた。こうして停戦は終わった。

体制側の最初の動きは、ムスリム同胞団の禁止であった。それに続いたのがムスリム同胞団によって運営される病院や学校の差し押さえであった。軍情報部とGIDはモスクに士官を送り、ムスリム同胞団のシンパを威嚇《いかく》した。そして新政権の業績を激賞する政権寄りのプロパガンダを拡散したのである。そして、ムスリム同胞団は共産主義者の同盟者であり、シリアの共産主義運動を通じてモスクワから金を受け取っているとエジプト情報機関は断言した。それと同時にGIDと軍情報部は一般の警察官、兵士からムスリム同胞団のシンパをパージした。アメリカの見積もりでは、三〇〇〇名の警察官の内四〇〇名が解雇された。

ムスリム同胞団に対する攻勢のクライマックスは、一九五四年十月二十六日に訪れた。ムスリム同胞団がナセルの暗殺を試みたのである。ナセルが無傷で逃れた後、エジプト当局はムスリム同胞団への一斉検挙を開始した。軍情報部は、扇動活動並びに暴動を企画した罪で七〇〇〇名のムスリム同胞団の容疑者を逮捕した。こうしてムスリム同胞団は本部から地方支部に到るまで根絶やしにされたのである。

当時、秘密警察によって拷問という手法が盛んに用いられた。そのせいもあり、一九五四年十一月までにはエジプト内務省は、ムスリム同胞団の「崩壊」を発表した。その直後に当局は複数の抑留者を公開処刑に処したのだった。

残念ながらエジプト当局の自信は時期尚早だったようだ。なぜならムスリム同胞団の生き残りは地下活動に転じ、細胞が再建されただけでなく、新たなメンバーがリクルートされ、新たな指導者が養われたためであった[13]。

その後のムスリム同胞団の動向も紹介しておこう。ムスリム同胞団は、体制側の厳しい、抑圧のためにすでに勢いを失った組織だと見る向きもあった。しかし、それにもかかわらず、ムスリム同胞団は細胞を再建し、ムスリム同胞団の思想家サイイド・クトゥブの革命思想を喧伝していた。クトゥブは、一九五四年に他のムスリム同胞団のメンバーとともに逮捕され、GIDにより拷問を受け、十五年間矯正のためにツラ監獄に収監された。ある研究者によれば、クトゥブは次のように語ったとされる。「ツラ監獄の守衛と拷問者は神を忘れている。彼らはもはや神を崇拝せず、ナセルと国家をその代わりに崇めている。（中略）言い換えれば、彼らは異教徒なのだ」

クトゥブが投獄されていた間、彼は多くの著作を著した。そのなかの一つが『道しるべ』であり、この著作は未だにムスリム同胞団、ムスリム同胞団から派生したイスラム過激派であるジハード団、それにアルカイダの思想的基盤となっている。

一九六四年五月に、クトゥブは、イラクの大統領の呼びかけにより釈放された。その直後に、クトゥブに接近したのがムスリム同胞団であった。彼らはナセルに対する蜂起に向けてサウジから支援されていると語った。クトゥブはエジプト情報機関により監視されていることは知っていたようだが、彼らを率いることに同意した。一九六五年五月までには、警察の捜査が迫っていたが、陰謀家たちは、アレクサンドリアの水際でナセルの車にマシンガンで攻撃を仕掛ける、といった政府要人への襲撃計画を構想していた。しかし、彼らは、それらの計画を実行に移すことができなかった。というのもその年の夏、軍情報部はクトゥブとムスリム同胞団の数百名に及ぶ容疑者を逮捕したためである。エジプト政府は、表向きは、ムスリム同胞団の陰謀は、西側情報機関とサウジによる資金提供をうけていたと発表していた。しかし、実際のところ、エジプト政府は動揺していた。この陰謀には元軍人も加わっていたためだ。一九六六年八月二十一日、国家最高公安裁判所は、七名のムスリム同胞団の団員を死刑、それ以外の一〇〇名を懲役刑に処した。クトゥブはそれから八日後に処刑された。もしエジプト国家が、クトゥブの死によって彼の思想を終わらせることができると信じていたのなら、彼らは驚いたことであろう。というも彼の著作は、イスラム世界を通じて「背信者」の体制に対する戦争を正当化するために用いられたからである[14]。

このように、ムスリム同胞団の一部は、エジプト政府当局に何度も弾圧されることで、クトゥブの思想を一層先鋭化させたイスラム過激思想の揺籃《ようらん》となった。過激な弾圧とその弾圧に対する怨恨が、思想の過激化を招いたのである。その代表例が、後に述べるように、アルカイダのアイマン・ザワヒリであった。

スザンナ作戦に失敗したイスラエル

話を少し戻そう。ナセルが、情報機関のお陰で、革命後の混乱期を乗り切ったということは誰の目にもあきらかとなっていた。しかし、その後、エジプト情報機関は最初の試練に直面することになる。イスラエルがカイロとアレクサンドリアに在住するユダヤ人の若者の一団を用いて転覆工作を計画したのだ。このグループの活動が活性化したのは一九五四年のことであった。そのときエジプトと英国はスエズ運河を巡る交渉を行っている最中であった。イスラエルにとっては、スエズ運河から英軍が撤退すれば、エジプトとイスラエルの間の脆弱な障壁が取り払われることになる。そして地域の緊張が高まることが予想された。

こんなわけで、イスラエルはスザンナ作戦に着手した。この作戦の目的は、エジプトが国内の公安活動を十分に行えず、運河の警備もできそうにないと英国に信じ込ませることで、英国がスエズ運河から撤退するのを足止めするということであった。この任務を担当したのがイスラエル国防軍第一三一部隊であった。

そこで現地のグループに、エジプトの中央郵便局、アメリカのインフォメーションサービス、図書館、映画館などを爆破するようにという指示が伝えられた。しかし、弾薬不足、若いユダヤ人の工作員の経験不足等のために作戦は失敗した。ユダヤ人たちのグループは逮捕後、軍情報部によって軍の監獄に送致され、拷問による取り調べが行われた。

スザンナ作戦の裁判は一九五四年十二月十一日に行われた。この裁判の模様は広く報道された。ザカリア・ムヒ・アル・ディンはアメリカのNBCテレビのインタビューにも応じた。そこで、これらの破壊工作者はイスラエル情報機関とつながっていると断言した。多くの若いユダヤ人が罪状を「自白」しただけでなく、警察がイスラエル軍によって使用されている装備を発見したとアル・

ディンは述べたのだった。

　このユダヤ人の取り締まりに際して、ＧＩＤアレクサンドリア支局は大きな役割を果たした。裁判が始まると、アレクサンドリアに住むユダヤ人の指導者らは、アレクサンドリアのＧＩＤ支局を訪れ、体制への忠誠を誓い、大衆からの暴力からの保護を求めた。裁判の判決は、一九五五年一月に下された。二名が死刑、二名が無期懲役、その他は七年から十五年の懲役刑であった。

　スザンナ作戦の結末はエジプトの内外に大きな影響を残した。エジプトは改めてユダヤ人に対する取り締まりを行い、約二〇〇〇名のユダヤ人の若者が投獄された。そしてユダヤ人財産の接収が再開された。この事件によって、ナセルはイスラエルとアメリカに対する疑いを深めた。イスラエルとの和平協議は停滞した。イスラエルはといえば、この作戦の失敗により国防大臣が辞職し、政治スキャンダルが一九六〇年代までつづくこととなった。スザンナ作戦はイスラエルの完敗に終わったのである。

　イスラエルによる破壊工作の試みは、ＧＩＤの拡大をもたらし、エジプト一般情報局（Egyptian General Intelligence Service：ＥＧＩＳ）の創設を後押しすることになった。

　さらにエジプト当局はこの件を通じて、二重スパイを好んで運用し、その手法に対する自信を深めた。後にイスラエルの情報士官らは、このスザンナ作戦のイスラエルのケースオフィサーもエジプト側のエージェントであったと断言している。ケースオフィサー本人は、亡命するものの後イスラエル当局に逮捕された。彼はその容疑を否定しているが、「エジプト当局はスザンナ作戦に関して知らないことはなかった」と述べている。[15]

スザンナ作戦という試練を乗り切ったエジプト情報機関は、今度は対外工作に乗り出していく。そしてナセルとザカリア・ムヒ・アル・ディィンは、本格的な対外情報機関の創設に向かうことになる。

第二節　アルジェリア紛争への介入

ここでは、国内の危機を乗り切ったエジプトが新たに対外情報機関を創設し、アルジェリア独立を背後から支援したプロセスを考察することにしよう。エジプトに限らず、新興国においては、しばしば軍事的リソースが不足するために、全面戦争を遂行することが困難になる場合が多い。そうした場合、介入する国の過激派を支援することで自らの政治目的を実現しようとするのである。最終的には、英国への武装闘争は、英軍のスエズ運河からの撤兵を招き、アルジェリアへの介入は、フランスからのアルジェリア独立という形で結実する。その際のエジプトの活動は、他の中東諸国にも後々まで介入のスタイルとして引き継がれることになるのである。

エジプトの水源地スーダンをめぐる英国との戦い

次の敵は英国であった。エジプト情報機関は英国の脅威を強調した。たとえば、軍情報部内部では、微妙な情報を非公式に英国軍駐在武官に渡すという昔ながらの仕事の慣行は突然終了した。さらに、エジプトの英国官僚と元首相のアリ・マヘルといった不満を持つ文民政治家との接触がつづいていることをエジプト情報機関は察知していた。一九五二年の秋に出された参謀本部指令に基づいて、軍情報部は特別抵抗局（Special Resistance Office）を創設した。その任務にはスエズ運河沿いに駐留する英国軍部隊に対するゲリラ軍をリクルートし、訓練し、武装し、指導することが含まれていた。

しかし、最初の活動はスーダンにおいてであった。エジプトの戦略家はスーダンはエジプトの戦略上の要衝であると常に考えていた。というのも、エジプトのナイル川の上流に位置するスーダンは、エジプトの唯一の水源地だったからである。つまり、英国によるスーダンの支配は、英国がナイル川というエジプトのライフラインを握っているということを意味していた。英国をスーダンから退去させることは、エジプトにとって決定的に重要な目標であった。エジプトがこの目的に向けて動きだしたのは、一九五三年二月のことである。このときエジプトとロンドンの間でスーダンへの自治権の付与に関する交渉が始まり、最終的にはスーダンの完全な独立かエジプトとの併合という案に絞られたのだった。

当初はスーダンにおけるカードを握っているのはエジプトであるように見えた。二か国の歴史的結びつきに加え、エジプトの新政権は、特にスーダン北部の知識人の間で支持されていた。しかし、時間の経過とともにあきらかになったのは、スーダンにおけるエジプトの立場は、外見ほど確固としたものではないということだった。なぜならスーダンの政治家と世論はエジプトとの統一よりも独立を志向していたからである。自らの立場が低下するにつれて、エジプトは両面作戦に乗り出した。一方でエジプトの外相がスーダンの独立を後押しし、もう一方で情報機関を用いてスーダンがエジプトに留まるように秘密工作を遂行したのである。

軍情報部はスーダンにおけるエジプトの主要なプレイヤーであった。スーダンとの間には長い国境で接しており、エジプト軍とスーダン軍の間には緊密な関係が確立していたためである。一九五二年のクーデター以降、軍情報部は士官を秘密裏にスーダンに派遣していたが、それは、スパイをリクルートし、スーダンへの世論工作を行い、英国の活動を妨げ、親エジプト派のグループに武器を供給するためであった。軍情報部の情報源は、スーダン軍の独立に対する考えを知る窓口となった。そして、その情報源はスーダン国内で紛争を引き起こすチャンスを与えたのである。スーダン国内、とくに南部では、すでに紛争の火種はまかれていたのだ。

結局のところ、エジプトはスーダンとの併合には失敗した。スーダンは一九五六年に完全な独立を果たし、エジプトは既成事実を受け入れざるをえなかった。エジプトの軍情報部はスーダン人の報復を恐れ、十分に秘密工作を行わなかったと疑う筋もある。しかし、これでスーダンにおけるエジプトの秘密工作が終わったわけでは決してなかったのである。[16]

ただ、このスーダン併合工作は、自由将校団の独創ではなかったことには注意しておく必要がある。[17] 実際、一九四〇年代末にも、スーダンの領有権を巡って、英国とエジプトとの間で外交交渉が行われ、エジプトは積極的にプロパガンダ活動を行っていた。したがって、今回のスーダン併合工作も、従来のエジプト外交の延長線上に位置づけることができるためだ。革命の前後でもその国家の基本的な外交政策は変化しないのである。

スエズ運河をめぐる議論はスーダンに比べれば遙かに怨念に満ちたものであった。エジプト情報機関が、秘密工作により英国に交渉のテーブルに着かせたのは、まさにこのスエズ運河をめぐる議論においてであった。ナセルは「コマンドー戦争」によって英国の追い出しにかかったのだ。

対英国軍との先頭に立った特別抵抗局（Special Resistance Office）とスエズ運河

特別抵抗局は英国に対する武装闘争の先頭に立っていた。作戦課と情報課から構成された特別抵抗局は、軍情報部内部に本局が置かれ、運営は、スエズ運河に駐留する英国軍に対するゲリラ作戦を戦った古参兵に委ねられていた。その支局はポート・サイード、イスマイリア、スエズ・シティー、それにスエズ運河東岸に置かれた。

抵抗運動を担った戦士（フェダイーン）の中核は、ムスリム同胞団、ガザのパレスチナ人、新たに創設された国家防衛隊の民兵、ＧＩＤ、それに英国のスエズ運河駐留基地から武器や装備を盗むことに長けた盗賊であった。

一九五二年から五三年にかけての軍情報部によるスエズ運河での武装闘争は、多くの点で、後にイスラエルや他のアラブ諸国に対して行われるエジプト秘密工作のプロトタイプとなった。後にエジプト情報機関による破壊工作で名を挙げる多くの情報士官が、一九五二年の作戦で貴重な経験を積むことになった。スエズ運河での武装闘争には、英軍兵士に戦線を離脱することを促すリーフレットの配布、基地への潜入とその破壊、武器、自動車、その他の装備の強奪、英軍兵士への狙撃、それに英軍に協力するエジプト人の逮捕などが含まれた。

機密工作には情報収集作戦も含まれていた。たとえば、軍情報部は英国に雇用されているエジプ

エジプトの地図

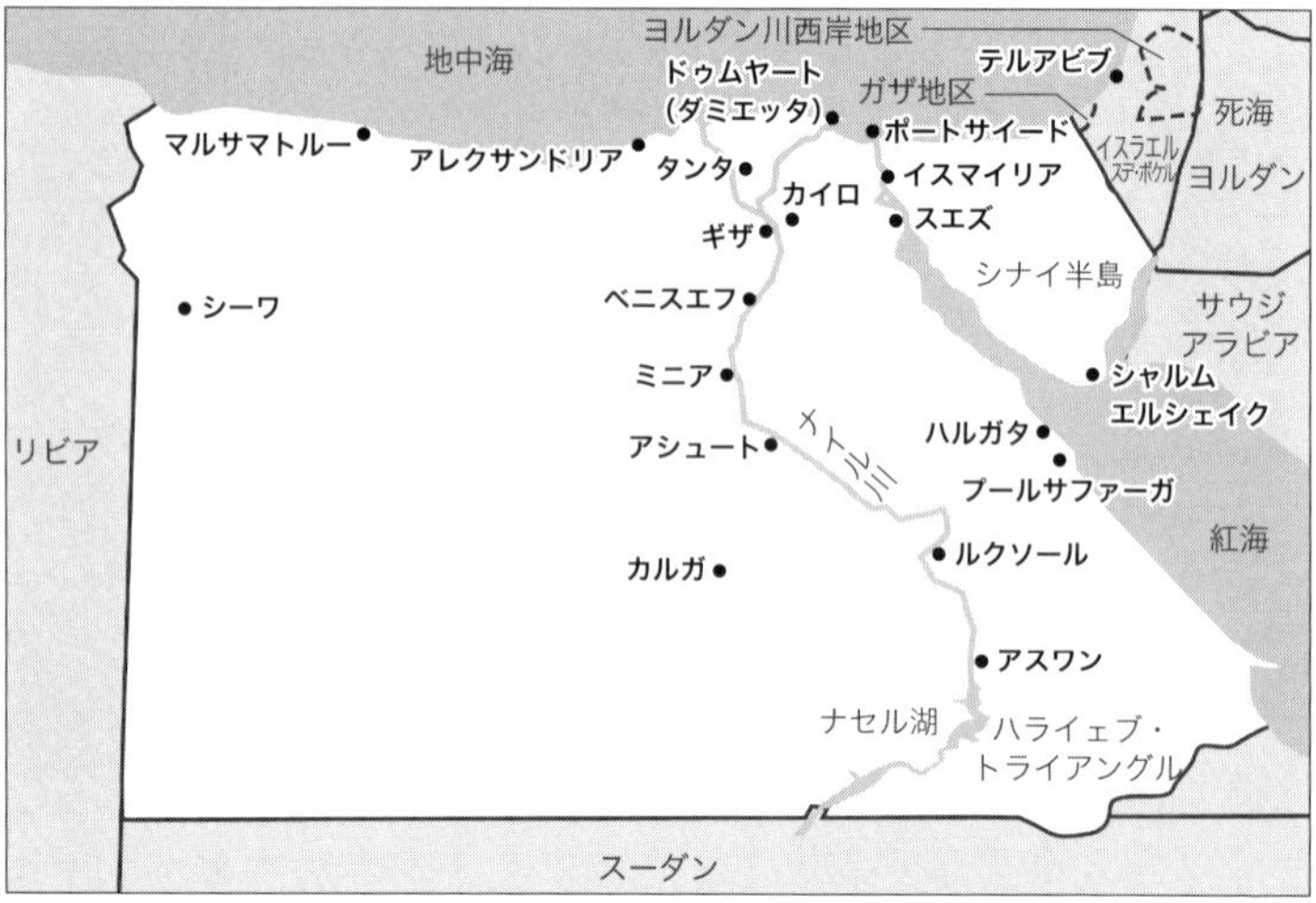

ト人をリクルートし、英国軍基地、本部、武器庫に関する地図や他の情報を入手した。ある軍情報部士官によれば、英国部隊のゴミから入手される情報の質の高さには驚かされたとのことだ。軍情報部の防諜部門は二重スパイ工作を運用していた。英国側のスパイを転向させ、彼らに偽の情報を英国側に通報させたのだ。ある事例では、あるエジプト人を二重スパイに仕立て上げることに成功し、そのエジプト人からエジプト軍内部の英国側の複数のスパイ網を把握したのだった。

武装闘争とスエズ運河をめぐる交渉をミックスさせるというエジプトの戦略は、アメリカからロンドンに圧力がかけられたこともあり、エジプトに有利な結果をもたらした。カーミット・ルーズベルトJrによる仲介も伝えられるなかで、一九五四年十月にはエジプトと英国は合意に達した。英国はスエズ運河地域から英軍を撤退させることに同意したのである。[18]

一般情報局（ＥＧＩＳ）の創設の意義

スエズ運河をめぐる交渉によって、ナセルは、国際舞台における柔軟性を手にした。エジプトの主要な敵である英国がエジプトから撤退した今となっては、より多くの関心をアジア・アフリカ諸国による非同盟運動に注ぐことができるようになったのだ。当時執筆した本のなかで、ナセルはエジプトをアラブ、イスラム、アフリカ世界での中心に位置する主要なプレイヤーであると述べている。

ナセルがとくに強調したのは、アラブ世界は指導者を待望しており、自分こそがその指導者だということだった。実際、一九五二年十月に、ナセルは軍情報部内にアラブ問題局を創設している。その目的は、ヨーロッパの植民地勢力とイエメンのイマームのような保守的な体制からアラブ世界を解放することであった。その計画のなかには、「アラブの声」という放送局の創設も含まれた。その放送局を用いて、エジプトによる解放のプロパガンダがアラブ世界に放送されることになっていた。そしてカイロ版のアラブ世界統一を促進するためにエジプトの教育機関が用いられ、カイロに滞在するアラブ系の難民が祖国の解放のためにリクルートされた。

アラブ問題局の創設は、ナセルが対外的野心を実現するにあたって、半歩前進したことを意味した。より多くの事業が必要だった。海外でのエジプトの目や耳となるだけでなく、ナセルのアラブ解放という方針を秘密作戦を通じて促進する秘密機関が必要であった。これらの任務を遂行していた軍情報部は、軍内部の不穏な情勢やイスラエルの軍事的脅威に対応するだけで手一杯になっていた。もう一つの候補はエジプト外務省の調査局であった。調査局は一九五三年に創設され、新体制の抱く対外的な懸念に対して報告を行っていた。しかし、当初から、調査部は「個人や国家の安全保障に関する評価」を担当する野心的な任務を負っていたとはいえ小規模な組織であった。なにより、当時エジプト国家を運営していた軍の士官たちは外務省に信頼を置いていなかったのだ。そんなわけで新たな組織が必要とされることになった。

一九五四年三月に共和国布告により、一般情報局（Egyptian General Intelligence Service：ＥＧＩＳ）が創設された。この創設に関してはインテリジェンス学校の教官の進言によるものであったが、やはり、ナセルとザカリア・ムヒ・アル・ディンの発明品であった。ザカリア・ムヒ・アル・ディンは、すでに軍情報部と内務相を兼任していたが、ＥＧＩＳ創設計画を監督するだけでなく、後任のアリ・サブリにとってかわられるまでＥＧＩＳ局長も務めた。多くの点で、ＥＧＩＳの創設はエジプトインテリジェンス再編成の画期をなすものであった。

後にＥＧＩＳ長官に就任するサラ・ナスル（Salah Nasr）が語るところによれば、ＥＧＩＳが創設されるまで、エジプトには秘密作戦を遂行し、政治経済情報を収集・評価する組織はなかった。ＥＧＩＳは、エジプトの情報コミュニティーを監督し調整するために、とりわけアメリカのＣＩＡをモデルとして創設されたとナスルも認めている。つまり、海外の政治経済情報を収集し、それらを評価するだけでなく、防諜活動においても主力となるということだ。加えて、機密作戦を計画遂行する主導官庁となる予定であった。

公開情報収集もＥＧＩＳのもう一つの任務であった。海外のラジオ放送、新聞、雑誌、それに科学雑誌の入手、翻訳、分析に特化した新聞放送グループも設けられていた。それらの文書の多くは、イスラエルで出版されたものであり、第三者の手を通じてエジプトにもたらされたものであった。この任務を遂行するために、このグループは、ヘブライ語、英語、フランス語、ドイツ語、それにスワヒリ語に堪能な一般市民を雇用していた。

ＥＧＩＳがこれらの任務をすべて果たすことができるようになるまでには、しばらく時間が掛かった。そのためにＥＧＩＳは創設当初、軍情報部のスタッフに多くを依存していた。実際、ナスルによれば、ＥＧＩＳが外国情報の収集、分析、それに機密工作といった分野で軍情報部を補完できるようになったのは、創設から三年経った一九五七年のことだったのである。[19]

大成功した国営放送「アラブの声」

ＥＧＩＳは、ナセルの敵対的な対外政策を担うプロパガンダ部門を確立するに際に、中心的な役割を果たした。しかし、日常的なラジオ放送はエジプト国営放送によって運営されていた。このエジプト国営放送はＣＩＡから送信機と反共プロパガンダ用の素材を入手していた。エジプト国営放送が創設された当初、ＣＩＡのカイロ支局長ジェームズ・アイシェルバーガーや、ＯＳＳ時代にブラックプロパガンダを担当し、一九四八年には「心理戦争」という本も執筆しているポール・ラインバーガーに助力を頼むことができた。

それと同時にエジプト人らは、ゲッベルスの中東プロパガンダのエージェントとして活躍したレオポルト・フォン・ミルテンシュタインに、エジプト国営放送局での作戦を向上させるための忠告を求めた。彼には反ユダヤプロパガンダを生み出し、拡散させた経験があり、エジプト人はドイツ人のユダヤ人に対する敵意を重視したのだ。元ナチ党員で、エジプトに協力したのは、親衛隊将校で、人種問題を担当していた、ヨハネス・フォン・レールスであった。彼はエジプトに着くとすぐにイスラム教に改宗し、ウマール・アミン・フォン・レールスと改名した。そして「アラブの声」における反イスラエルプロパガンダ放送の顧問となった。

エジプト国営放送とエジプト情報機関は緊密に協力していた。実際、エジプト国営放送局は、エジプト情報機関の延長であり、究極的には情報機関に従属していたと言いえた。「アラブの声」という放送を計画したのも、ザカリア・ムヒ・アル・ディンを中心とした情報局員であった。エジプト情報機関の要員が海外で活動する際には、しばしばエジプト国営放送職員というカバーを用いた。さらにエジプト国営放送の海外通信員のお陰で、エジプト情報機関がアラブの一般民衆の世論をチェックし、新たな地域的国際的展開に対応して、エジプトプロパガンダを微調整することができたのだ。そしてEGISの代表がエジプト国営放送の役員も務めていた。

エジプト国営放送はその規模を急速に拡大した。一九五三年から一九五四年の一年間で、国内放送とアジア・アフリカ地域の八つの言語での「アラブの声」の放送を行うほどになっていた。これらの放送は、非常に攻撃的な手法でナセルの解放のメッセージを中東に住む人々の心に届けた。たとえば、エジプト国営放送スワヒリ語放送は、英国に特に関心を寄せていた。ケニヤでの英国植民地主義に対する抵抗運動であったマウマウ団の叛乱は、エジプトの放送が叛乱を引き起こしたと英国人が信じていたほどであった。

エジプト国営放送の影響力が拡大するにつれ、ワシントンはその人気にあやかろうとした。もう何年もアメリカ政府は反共プロパガンダ素材をエジプトの国家メディアで取りあげさせようとしていたのだが、限定的にしか成功していなかった。しかし、一九五四年八月になるとエジプト国営放送は、地方のラジオ局や「アラブの声」で用いる過激な反共宣伝のための演劇、文書、評論を、アメリカ情報局（USIS）に求めた。その年の十二月までに、エジプト国営放送はアメリカの資料を包括的に用いて国際共産主義の脅威を警告した。

しかし、後にワシントンは「アラブの声」に対する見方を変えることになった。「アラブの声」は、英国やフランスだけでなく、アメリカに対しても痛切な皮肉を浴びせかけていたためであった。当初、アメリカ大使館は、エジプト政府にトーンを抑えるようにもとめた。しかし、それが失敗に終わると、アメリカは英国と組んで「アラブの声」と競合するラジオ放送局を設置したのだった。

結局のところ、「アラブの声」は、アメリカや他の国の理解を越えた言語文化的現象であった。一九五六年にCIAは、「アラブの声」がなぜ人気があるのかを調査した。その結論は、番組の「継続的な効果は、催眠の下で達成されるものと同じぐらいアラブ人の態度を条件付けている」というものであった。催眠であろうとなかろうと、「アラブの声」は、エジプトの秘密工作のための最も成功した武器であった。そして、EGISに資金提供をうけた叛乱や暗殺よりも影響力の点で優っていた。

EGISは、「アラブの声」とは別に、近隣のアラブ諸国やイスラエル、それに西側の植民地保有国を攻撃する秘密放送局を運営していた。この目的を実現するために、EGISは、特別に改装されたバンに搭載された移動式の送信機や、ＥＧＩＳの本部、もしくはカイロのセーフハウスに設置された強力な送信機を利用していた。「アラブの声」は、そうしたＥＧＩＳの秘密ラジオ施設であった。一九五六年にイギリスとフランスがエジプト国営放送の施設を攻撃した際に、その間隙をこの放送施設が埋めたのだった。後にこの放送局は、イラクに一九五八年に成立したアブド・アル・カリム・カセムの体制を攻撃するために用いられた。

結局のところ、英国をスエズ運河とスーダンから撤退させるための闘争は、エジプト秘密工作の最初のデモンストレーションであった。一九五四年に英国がスエズ運河からの撤退に合意すると、カイロはその矛先をフランス領北アフリカ、イスラエル、ヨルダン、それにイラクに向けた。スエズ地帯での闘争と同様に、ナセルの野心的な地域的目標とエジプトの制限された資源の間のギャップを埋めることが、機密工作の目的であった。それは経済的に支えうる手段による戦争であり、情報機関はその戦争の中心的役割を担っていたのだ[20]。

アルジェリア独立を支援

エジプトのフランス領北アフリカへの干渉は、一九五二年七月のクーデターよりも以前に遡《さかのぼ》る。しかし、エジプトが破壊工作を急速に拡大させたのは、自由将校団の体制の下においてであった。ナセルが当初から信じていたのは、エジプトの解放の後にはすべてのアラブ人の自由がつづかねばならず、そのなかには北アフリカも含まれるということだった。エジプトの戦略家はフランスの北アフリカにおける植民地をエジプトのイスラエルに対する闘争の「てこ」となる部分と見なしていた。民族主義者の圧力が北アフリカで維持されるならば、フランスはイスラエルへの軍事援助や支援を限定せざるをえず、また、モロッコやチュニジアからイスラエルに向かうユダヤ人の移住も停止できると彼らは考えていた。

ザカリア・ムヒ・アル・ディンは北アフリカにおける軍情報部の作戦全体を管轄していた。しかし、大部分の活動は軍情報部のなかのアラブ問題局が担当していた。たとえば、「アラブの声」によるフランスへの攻撃の微調整、北アフリカからの亡命者とのコンタクトなどを受け持っていた。その亡命者のなかにはアルジェリアの独立闘争を指揮していた政治家のベン・ベラも含まれた。アラブ問題局の職員も、ベン・ベラの誠実さ、対話をしている相手を確信させ魅了する方法に参ってしまった。一見したところ無気力なアルジェリア人にとって革命のチャンスが巡ってきているとエジプト人に確信させたのは、まさに、ベン・ベラだったのである。

ベン・ベラの助けを借りて、アラブ問題局はアルジェリア革命のための基盤を作り始めた。アラブ問題局は、まず手始めに、アルジェリア民族主義者の団体の下部機関としてアルジェリア民族解放戦線（FLN）の創設を支援した。その次は、一九五四年十一月一日のFLNによる蜂起の計画立案、武器やその他物資購入のための資金提供、FLNの「アラブの声」へのアクセスの許可などがつづいた。

十一月一日のアルジェリア蜂起以降、エジプト情報機関は武装闘争に用いる武器や必需品を支援するという問題に直面した。資金は重要な問題ではなかった。軍情報部は、サウジアラビアやアラブ連盟から寄せられた資金を定期的にFLNに手渡していた。しかし武器の購入とその武器を

ＦＬＮの手に渡すことはより難易度の高い挑戦であった。この課題を克服するために、エジプトの兵器庫、イタリアやスペインの武器商人、アラブ連盟、そして非合法にリビアの英国兵士といったさまざまな供給源から、軍情報部は武器を入手していた。

それらの武器をＦＬＮの元に輸送することが次の課題であった。最良の選択肢はリビアを経由してチュニジアやアルジェリアのＦＬＮのキャンプに届けるというものだった。しかし、このルートはリビアやチュニジアの官吏の気まぐれに左右された。これらの国の官吏は、ＦＬＮには同情的であったものの、フランスから武器の輸送を止めるように圧力を受けていた。さらに西アルジェリアのＦＬＮ勢力を維持するために陸路を使用することは、不可能になった。地形の点でも、距離の長さの点でも不利であったためである。その結果、リビアやチュニジアの干渉を回避できるだけでなく、西アルジェリアのゲリラに武器を補給できるという選択肢は、海路しか残されていなかった。それでも、海路による輸送にはスペインとモロッコ当局の協力が必要であった。なぜならば、武器の宛先はモロッコとスペイン領モロッコの訓練キャンプであったためである。

エジプト海軍情報部が、一見したところではエジプトのものであることがわからない船舶を確保すると、海路による武器供給が始まった。最初の輸送は一九五四年十二月に行われた。そして一九五五年三月にもう一度輸送された。それでも、陸路によっても、海路によっても、ＦＬＮからのふくれあがっていた武器への要求を満たすことはできなかった。そのためにエジプト情報部は空輸か潜水艦による輸送を検討するまでに追い込まれたのだった。しかし、武器輸送のボトルネックは解消されることはなかった。そのことが、カイロは約束した支援を提供していないと、アルジェリア国内のＦＬＮ指導者から批判される原因となった。

　全体としてみれば、エジプトの秘密工作はまだら模様の成功を収めた。第一に、いかなる意味においても、支援の結果としてエジプトがどの程度までＦＬＮを管理できたかは、過大評価されるべきではない。エジプトの武器、資金、隠れ家、プロパガンダそれに外交がベン・ベラのようなＦＬＮの指導者に幾分影響は与えた。しかし、その影響はＦＬＮの作戦に対する管理、もしくは、政治的目標にまで及んでいたとは考えられない。第二に、すでに記したように、ＦＬＮの何人かの指導者は、エジプト軍情報部が、抵抗運動を維持するための十分な武器を供給できなかった、もしくは供給する気がなかったことに常に不満を抱いていた。この問題の一部は、供給の問題であった。しかし、アルジェリア人は、エジプトがフランスと必要以上に対立しないように、ＦＬＮから距離を置いているのではないかと疑っていた。

　アルジェリア側の説明は、アルジェリア革命に対するエジプトの支援の効率を過小評価している。実際のところ、エジプトのアルジェリアに対する支援は相当規模のものであった。しかし、武器輸送の実態が隠されていたために、ＦＬＮにとってはエジプトがどれほど貢献していたかは必ずしもあきらかではなかったのだ。その一方で、フランス側の説明は、アルジェリアの武装闘争を引き起こし、維持する際のエジプトの支援を過大評価している。アルジェリア叛乱の黒幕はエジプトだとフランスは信じていたために、一九五四年には魚雷というコードネームのエージェントを用いてナセルを暗殺するという決定を下したほどであった[21]。

　いずれにせよ、エジプトによるアルジェリア独立の支援は、エジプトのような国が、周辺諸国へ影響を及ぼす標準的な手法となった。つまり、ある国に影響を及ぼしたければ、その国の反対派勢力を背後から支援し、結果的にその国に影響を与えるということだ。

第三節　スエズの勝利

エジプトの勝利は、アルジェリアで終わることはなかった。それは、一九五六年にスエズ動乱が勃発したためである。

スエズ動乱とは、英仏イスラエルによるエジプトへの軍事侵攻であった。そのきっかけはスエズ運河の国有化であった。アメリカなどからアスワンハイダムの建設資金を拒否された後、大統領に就任したナセルがこの決定を下したのである。この紛争においては、スエズ運河を回復しようとした英仏イスラエルに対して、当初軍事的敗北は被ったものの、最終的にエジプトが政治的勝利を収めた。

このスエズ紛争危機は、ナセルにとっても、エジプト情報機関にとっても一つの分水嶺であった。この戦争によって、エジプトには敵の意図を察知する分析能力が欠けていることがあきらかになったものの、エジプトの防諜活動は成功を収め、秘密作戦はエジプトの報復手段として役に立った。そしてなによりも、ナセルは、中東社会の指導者としての地位を手に入れたのである。

スエズ運河の国有化をめぐる英・仏・イスラエルとの戦争

ワシントンはこの戦争の勃発に関しては極めて重要な役割を果たした。というのも、紛争当事者、すなわち英仏イスラエルとエジプトの双方と強い関係を維持していたためだ。とはいえ、ソビエトからの武器購入、非同盟運動の重視、近隣諸国との紛争、CIAの意図へのナセルの疑念の結果として、アメリカとエジプトの関係は徐々に疎遠なものになっていた。アメリカの官僚は、ナセルに関しては二つの考えの間で割れていた。一つは、アメリカはナセルを追い込んでソビエトの手に渡らせてはいけないというものであり、もう一つはナセルの退陣であり、ダレス兄弟と国務省、それにCIAの一部が強く主張していた。実際、CIAはナセルを暗殺するもしくは取り除くための計画を立案していた。しかし、一九五六年十月に当時のアイゼンハワー大統領が少なくとも一時的にそうしたオプションを除外したのである。

ワシントンが政策を検討している間に、アメリカの情報機関はエジプトとソビエトの間の武器売買に関心を寄せていた。

ここで当時のアメリカとエジプトの微妙な関係を物語るエピソードを紹介しよう。一九五六年六月十一日、アメリカ海軍のAJ-2P機がアテネを離陸し、エジプトに向かうソビエト製の軍艦に対して写真撮影偵察を行った。しかし、その飛行の間に、AJ-2P機はエンジントラブルに陥り、アレクサンドリア近郊の基地に着陸することになった。するとすぐにエジプト情報機関の要員が飛行機を取り囲んだ。これらのエジプトの公安要員は、飛行機から重要なカメラ、暗号書、その他の機密資料を持ち出したいというアメリカ外交官の努力を拒絶した。さらに、アレクサンドリアGIDの担当官は、飛行機のクルーの尋問を望んでいることをあきらかにした。アメリカの官僚たちは問題をEGIS局長のアリ・サブリに持ち込み、ようやく暗号書やカメラを確保することができた。サブリが素直にアメリカの要求に応じたことを別とすれば、この事件は、インテリジェンスの面でも、エジプトがアメリカから距離を取りつつあることをあきらかにしただけであった。

スエズ紛争の前夜、英国とフランスが心配していたのは、エジプトとソビエトとの関係であり、中東や北アフリカにおける植民地にとってナセルは脅威であるという事実であった。しかし、ナセルがアラブ世界で人気を高めつつあり、エジプトが保有するソビエト製戦車や、イスラエルにも爆撃が可能な爆撃機の数は増加していた。これらの事情を考慮すれば、イスラエルがエジプトを現実的な脅威として考えたのは当然であった。さらにフェダイーンによる襲撃事件も見られた。イスラエル情報機関が追跡したところ、ガザのハーフェズ大佐、アンマンのムスタファ大佐に行き着いた。イスラエルはフェダイーンの襲撃に対応するために、公安活動を強化し、アメリカに依頼して、ゲリラ作戦を停止するようにナセルに圧力をかけた。外交による交渉が失敗した段階で、イスラエル情報部は、小包爆弾でハーフェズ大佐とムスタファ大佐を暗殺したのだった。

これらの諸国を戦争に追い込んだもう一つの要因がある。一九五六年にエジプトは中華人民共和国を承認した。その結果、ワシントンとロンドンはアスワンハイダムに対する金融支援を打ち切った。それに対するナセルの対応は、一九五六年七月二十六日の英仏スエズ運河会社の国有化であった。このダムに関する議論がきっかけになったとはいえ、ナセルはすでに、スエズ運河の国有化を検討していた。一九五五年の夏に、ＥＧＩＳ局長のアリ・サブリはスエズ運河秘密事務所（secret Suez Canal Office）を設けていた。スエズ運河秘密事務所は、軍情報部にスエズ運河会社の金融状況を調査させ、外務省の調査局はスエズ運河会社の国際的なつながりを調べた。

　ナセルはこの情報を用いて英仏とイスラエルが国有化にどのように反応するかを予想した。知られているかぎりでは、エジプトの情報評価委員会は、英仏の今後の行動に関して諮問《しもん》されることはなかった。その代わりに軍情報部とＥＧＩＳがナセルに生の情報を提供し、ナセルがそこから結論を引き出したのだった。ナセルは、ロンドンは最も強硬な反応を示すだろうと予測した。なぜなら国有化によりもっとも失うものが多かったためである。ナセルの視点では、英国を操る鍵となるのは時間であった。ロンドンが軍事的対応に取りかかるのに時間が掛かれば掛かるほど、国際的圧力により、実際には軍事力の行使が難しくなる。ナセルは英国とフランスが手を結ぶという可能性を予測できなかった。パリは、スエズ運河の問題に取り組むには、アルジェリアの問題に手を取られすぎているとナセルは信じていたのだ。イスラエルの反応に関してはエジプトの情報評価委員会に付託されたが、イスラエルは軍事力でもって反応することはないだろうというのがその結論であった。

　ナセルが英国の軍事的対応を妨害するにあたって当てにしていたのは時間であった。そのために、ナセルは、ロンドンが侵略軍のための艦隊を編成するのにどのぐらい時間が掛かるのか、そしてこの戦域にどの程度の英軍が利用可能なのかを知る必要があった。軍情報部は士官をマルタとキプロスに派遣してそれらの島々で英軍がどの程度利用可能なのかを調べさせた。またスパイ活動などを活性化させて、リビアやアデンの英軍基地の状況を報告させた。これらの情報元から、この地域に軍事力が欠けているために、英国の軍事的対応が遅れるというナセルの評価が確認された。

とはいえ、一旦スエズ運河が国有化されると、ナセルの評価は崩れ始めた。実際、国有化の結果ナセルやその配下の分析家たちが予想もしなかったことが生じたのだ。英国、フランス、そしてイスラエルが結束したのである。英国、フランス、イスラエルの官僚たちが集まった秘密の会合で、次のような段取りが決定された。まず、イスラエルがシナイ半島に侵入し、イスラエル軍がスエズ運河に十分近づくと、英仏がエジプトとイスラエルの双方に、運河の入口の保護を確実にするため、スエズ運河から撤退するように最後通牒を発する。イスラエルは数マイル撤退するが、エジプトは撤退しないであろう。それを英仏はスエズ運河を再占領する口実とできる、というのが全体の粗筋であった。

しかし、ナセルが正確に予測したように、軍事オプションを採用できるようになるまで時間が必要であった。そのために、軍情報部は武装闘争という検証済みの戦略を通して侵略に対抗することができた。ナセルがスエズ運河の国有化を命じた翌日の一九五六年七月二十七日には、軍情報部の士官アブド・アル・ファタ・アブ・アル・ファドルは、二年前にスエズ運河の英国に対して用いられた武装闘争組織を再編するように命じられた。ザカリア・ムヒ・アル・ディンの監督下で働きながら、アブ・アル・ファドルとスエズ運河の軍情報部の支局は、ゲリラをリクルートし、指揮系統を確立し、地上戦の際に用いられることになる秘密の武器と無線機の保管所を設立した。

各陣営は戦争の準備を進めていたが、エジプト情報機関はアルジェリアの抵抗組織に陸路と海路で補給を継続していた。しかし、この段階でFLNはアトス号という自前の船舶の購入を決定した。それは西アルジェリアに輸送される武器の量を増加させるためであった。エジプト情報機関はアトス号の取引に懸念を持っていた。フランス情報機関がその取引に気がつき監視していると信じていたからだ。しかし、それにもかかわらず、エジプトは、十月四日にアレクサンドリアからアトス号が出航することを許可した。衆人環視の元でアトス号は出航した。そのなかにはカイロとベイルートのフランス情報機関の支局、アルジェリアのフランスの通信傍受基地、それにイスラエル軍情報部が含まれた。十月十六日には、フランス海軍はオランの近くでアトス号を臨検し、船の積み荷の武器、無線技術者、それにメルセルケビールにあるフランス海軍基地に機雷を設置するように訓練されたダイバーを捕らえた。

アトス号の事件は、なんとしてもナセルに一泡吹かせようというパリの態度を硬化させただけであった。アトス号以上にアルジェリア蜂起をエジプトが指導している明白な証拠はありえただろうか。エジプト人にとっては、アトス号事件は、西アルジェリアに武器を輸送することに含まれる危険に光を当てた些細な厄介ごとの一つでしかなかった。それでも、アトス号事件から数日後に、カイロは再び苦境に立たされる。エジプトがFLNの接触役として重視していたベン・ベラがフランス当局により捉えられたのだ。しばらくの間、エジプト情報機関は、モロッコにおける著名なフランス人を拉致して、ベン・ベラと交換するという計画を立案していた。もう一つの計画は、ドイツ人傭兵をリクルートして、ベン・ベラをフランスの監獄から脱走させるというものだった。しかし、それらの計画はいずれも実行に移されることはなかった。[22]

イスラエル軽視という致命的ミス

戦争の前夜、エジプト情報機関の情報収集分析の優先順位には、フランスと英国の意図、計画、それに軍事的能力、それからイスラエルの意図、計画、それに軍事的能力が含まれていた。これらの優先順序をつけることは容易な作業であった。しかしエジプトの政策決定者が必要としている情報を実際に入手することは、より困難であった。

大使館付き武官は、戦争の期間を通じてエジプトの最も重要な情報収集者であった。トルコとフランスの大使館付き武官は、イスラエルに輸出される武器、キプロス島の軍の体制に関する報告書を本国に送っていた。そして、それらの情報により軍情報部はイスラエルの戦力組成を評価することができた。エジプトにとって不幸だったのは、これらの報告書は軍情報部によるイスラエル国防軍への低い評価を変えるものではなかったということだ。パリの大使館付き武官サルワット・ウカシャは、フランス側の対エジプト戦の動員状況について報告を寄せる複数の情報元を運用していた。それらのなかには、エジプト共産党の活動家であったアンリ・キュリエルがいた。彼は、フランスの対外戦争に反対するフランス人共産主義者から入手した情報をエジプト側にもたらしていた。しかし、ウカシャの最大の功績は、一九五六年十月にある情報提供者を手にしたことだろう。その情報提供者は、英仏の戦争計画、そのなかでイスラエルが果たす役割に関する詳細をもたらしたのである。ウカシャはこの決定的な情報を通信員を用いてカイロに伝えた。しかし、ナセルはこの情報を「不可能だ」といって無視したのである。英仏は、イスラエルと同盟を組んで、「自らを貶《おとし》めることはない」というのがその理由であった。

戦争の直前、軍情報部はベドウィンの斥候《せっこう》部隊をイスラエル国内に送り、イスラエル国防軍の動きを探らせた。しかし、スデ・ボケル（Sde Boker）近郊で二名が殺され、残りは捕らえられた。これらの斥候隊の問題は、危険に満ちた作戦であったにもかかわらずイスラエルの軍の配置に関して断片的な情報しかもたらさなかったことにある。エジプトに欠けていたのは、イスラエルの首脳陣の意図を報告できるようなイスラエル国内に深く浸透したスパイであった。したがって、エジプトはイスラエルの新聞やイスラエル国内の情報元に依存することになった。この場合イスラエルの情報元とは、コプト教の僧侶であるヨアヒム・アル・アントーニーであった。彼は、地図、雑誌、イスラエル政府の刊行物をヤッファの自宅から持ち出すために軍情報部からリクルートされていた。エジプトにとって不幸なことに、アル・アントーニーは、一九五六年十一月十四日にエルサレムのメンデルバーム門のところで逮捕された。当時彼が所持していたのは、最近のシナイ半島での作戦で捕らえられたエジプトの戦争捕虜の所在地や、ベイルートとアンマンのエジプト軍情報部の管理官の名前を記した書類であった。

両国関係は日を追って悪化していたが、CIAと国務省は、いくつかのチャンネルを使って、貴重な情報をエジプト側に提供していた。そのチャンネルにはエジプトのワシントン大使、アミン兄弟、カイロのCIA支局長ジェームズ・アイシェルバーガーが含まれた。「SISがエジプトでもモサデクをする気だ」とナセルに知らせたのはこのアイシェルバーガーだったと言われている。ここで「モサデクをする」とは、暗殺もしくは軍の蜂起によってナセルを取り除くことであった。またＣＩＡがナセルに警告したのは、当時の英国の首相アンソニー・イーデンの精神状態があきらかに不安定であるということだった。ＣＩＡの分析官にとってもロンドンが今後どう動くのかは予想がつかなかったのだ。なにもＣＩＡは利他主義からエジプトに情報を提供していたわけではない。当時のラングレーには、ナセルが共産主義に対抗する最良の選択肢であり、エジプトの敗北はモスクワによる中東支配の道を開くだけだと信じているものがいたのだ。またムスタファ・アミンが後に主張しているように、ＣＩＡは、それらの情報と引き替えに、ソビエト製の最新式のＭｉＧ戦闘機を欲していた。

アメリカに加えて、その他からもエジプトに対して情報が提供された。インドは、英国の労働党の政治家とのコンタクトから得られた情報を外交官経由でエジプトにもたらしたと言われている。またエジプトは通常業務としてシリアとの間で情報交換を行っていた。このルートでエジプトはシリア情報部からイスラエルに関する報告やキプロス島での英仏軍の動向に関する報告を受け取っていた。ナセルの友人ではなかったヨルダンまでもが、エジプトに、イスラエルがエジプト大統領や高官を暗殺する計画を持っていると警告した。それ以外にも国家間の情報交換とは呼べないものの、エジプトはキプロス島の抵抗組織ＥＯＫＡに武器と現金を供給し、その見返りにキプロス島における英軍の戦争準備に関する情報を受け取った。しかしながら、ＥＯＫＡは侵略前の英国の構想に関する情報を提供することはなかった、とナセルは悲しそうな様子で記している。

ヒューミントの効率に関してはばらつきが見られたものの、海外のリエゾンのパートナーは、スエズ危機における敵戦力に関する最高の情報と、それ程ではないにせよ、敵の意図に関する情報をエジプトにもたらした。残念なことに、エジプトの通信傍受活動に関しては、イスラエルの暗号化されない軍事通信を傍受するだけの限定的な能力があったほかは知られていない。エジプトのバンパイア偵察機の航続距離ではマルタ島やキプロス島はカバーできなかった。しかし、エジプトのバンパイア機は、イスラエルの開戦三日前の一九五六年十月二十六日にはイスラエル南部に偵察飛行を行っている。これらの偵察機がイスラエルの戦争準備を示す証拠をもたらさなかったことはあきらかであろう。

エジプト情報部は敵の意図と能力に関して恐ろしいほど読み誤っていた。ロンドンとパリがスエズ運河国有化にどう反応するかを予測したのは情報士官ではなく、ナセル本人であった。さらに、ナセルは少なくとも彼の予測と矛盾する報告書を無視している。しかし、エジプト側の評価の最大の誤りは、イスラエルの意図と軍事的能力を軽視した点であろう。エジプトにはソビエト製の最新式の武器があり、フェダイーンの襲撃には限定的な対応しかみせていなかったのだから、イスラエルは戦争を回避するであろうとエジプトは予測したのだが、それは大きな誤りであった。戦闘前の評価では、エジプト情報機関の予測では、イスラエル国防軍が報復攻撃に出たとしても、ガザ地区を越えていく能力はないと見積もられていた。また、エジプトはイスラエルの空軍力の優位を軽視していた。一九五六年四月にエジプト空軍司令官はアメリカの官僚に空軍飛行場への空襲はないと保障していた。結局のところ、エジプトは、イスラエルが「現実以上に自らの能力を高く見せようとしている」という認識に安心しきっていたのだ。

スエズ紛争以前とその最中のエジプト側の既知の評価を精査すれば、分析として通用していたものの多くが、（特にイスラエルに対する）文化的なバイアス、敵の行動のパターンへの過度の依存、「推測」、それに未確認の事実に基づくものであったようだ。それでも、逆説的なことに、エジプトが、敵の意図や能力に関してほとんどなにも知らない状態で戦争に突入していたにもかかわらず、エジプトは、この危機から確固たる政治的勝利を引き出すことになる。そして、ナセルの名声はアラブ世界に響き渡ったのである。[23]

スエズ紛争がエジプトを有利に

一九五六年八月二十六日に、ＧＩＤは、ジェームズ・スウィンバーンという人物に指揮された英国のスパイ網を一斉検挙した。ＧＩＤが成功を収めたカギは、スウィンバーンがエジプトの官僚との接触を観察していた情報提供者の存在にあった。接触していた官僚のなかには、ＧＩＤのアーカイブを管理する職員やユーゴスラビア情報部の士官ミリバン・グリゴリビッチも含まれた。また、エジプト情報機関は反体制グループを作り上げることに成功していた。この反体制グループは、表向きは空軍情報部長によって指導されており、ＳＩＳの支持を受けていただけでなく、合法的なエジプト国内の反体制派に属するエジプトの文民政治家や元王室のメンバーも引きつけていた。その一方で、エジプト情報機関は、スエズ紛争の後になるまで、軍の反体制派と元政治家らによるもう一つの英国による反ナセル運動を検知できなかった。結局のところ、英国情報機関はナセルに取って代わる適切な候補者を特定することはできなかったのだ。

皮肉なことに、ＧＩＤによるスウィンバーンリングの捕獲はエジプトに悪影響をもたらした。というのも、この件をきっかけにして英国は、情報不足に対応するために、シギント（傍受）情報への依存を深めたためである。そして、この通信情報の機密確保、つまりは無線や電話の通信の機密を確保する能力において、エジプトは最大の問題を抱えていたのだ。英国の政府通信本部（GCHQ）とアメリカの国家安全保障局（NSA）は、一九五六年以前にエジプトの外交暗号を解読していた。また、GCHQは、無線や地上戦を媒介するエジプト軍の通信を日常的に傍受していた。

さらに、エジプトの防諜組織はモサドの戦争前の欺瞞工作を発見することはできなかった。その欺瞞工作は、二重スパイ、外交官、大使館付き武官を用いて、エジプト政府に、イスラエルの次の攻撃目標はヨルダンであると信じさせることを目的としていた。後に、対エジプト戦に備えてイスラエルが準備していることがあきらかになると、イスラエル情報機関は、英仏の攻撃目標であるシナイ半島中央部から目をそらさせるために、ガザ地区で騒動を引き起こしたのだった。[24]

ナセルは一九五六年十月二十九日に、イスラエルがシナイ半島に侵入したことを知った。その情報は軍情報部が通信傍受により察知したものであった。その事実はバンパイヤ偵察機からの情報で確認された。ナセル本人の当初の評価と、それに周囲の人間がナセルにもたらした情報から、ナセルは当初、これが限定的な襲撃であると確信していた。時間が経つにつれてその確信は揺らぎ始めた。イスラエルは侵攻をつづけていたからである。それからロンドンとパリは最後通牒を発した。その最後通牒は、限りなく不信に近い驚きをもって受け入れられたのだった。この最後通牒は、英国の行動の予測を裏切っていただけでなく、ナセル本人が「英国首相は気が違ったのか」とたずねたほどであった。この最後通牒はエジプトをシナイ半島から撤退させるための策略であるという情報評価に基づいて、ナセルはシナイ半島への戦力強化を命じた。十一月五日から六日にかけて英仏軍がポートサイドに上陸すると、エジプトはまたしても虚を突かれた。というのも、エジプトは英仏のターゲットはアレクサンドリアであると考えていたためであった。

ナセルはエジプト軍の限界をよく理解しており、万一西側諸国によるエジプト侵略があれば、彼は武装闘争に立ち戻るつもりであった。そのために、英仏が一旦攻撃を開始すると、ナセルは軍情報部に武装闘争計画を実行するように求めた。エジプト軍情報部はイスマイリアの軍情報部基地を基盤に武装闘争を組織した。そしてポートサイードの侵略者たちに対してゲリラ作戦を指揮し、英仏軍が内陸に侵攻するにつれて通信線を切断する計画を立てた。この作戦のなかには、大音響のスピーカーをつけたバンで、「ソビエトの軍事援助がまもなくやってくる」と放送し、住民に抵抗するように働きかけるという工作も含まれていた。

また、エジプト情報機関は、シリア、リビア、レバノンで機密作戦を実行した。戦前の計画では、シリア軍参謀第二部部長のアブド・アル・ハミド・サラージは、イラクからシリアを経由してレバノンにまで延びている石油パイプラインを爆破すると確約していた。アメリカから抵抗されたために、カイロはサラージにこの作戦の中止を指示したが、シリアはパイプラインを爆破してしまった。リビアでは、エジプト軍の大使館付き武官が「リビア人民闘争戦線」に銃と資金を提供し、石油パイプライン爆破のための資金を拠出した。ここでの目標は、当時のリビアのイドリス国王に、リビアから英軍を侵略させろという英国側の要求をはねつけさせることにあった。大使館付き武官は追放された。しかし、心配したイドリス国王は同時に英軍にトブルクの防衛を求めたのだった。レバノンでは、エージプトのエージェントが石油パイプラインを爆破し、英国の著名な目標に対して爆弾テロを仕掛けた。そのターゲットのなかには中東アラブ研究所やセント・ジョージ・クラブが含まれた。レバノンの公安警察が、エジプト人外交官の車のなかから、爆発物と犯罪の予定地図を発見すると、レバノン側の努力は終わりを迎えたのだった。

秘密作戦は、スエズ紛争の際のエジプト側の報復手段としては、わずかな効果しか持ち得なかった。その一方で、カイロの戦争前の周辺諸国に対する破壊工作が、英国政府がナセルに対して軍事力を行使するきっかけとなったという証拠は多かった。英国外務次官のセルウィン・ロイドは一九五六年十月に次のように記している。

「エジプトがリビアで一揆を計画していることを我々は知っていた。彼らはリビアで武器を確保し、リビア国王を暗殺する計画があった。サウド国王もまた脅かされている。イラクでは、ヌリが現在権力を握っている。しかし、若い士官の間には不満が広がり、我々が対策を立てなければその傾向はさらに悪化するであろう。ヨルダンは既にエジプト側に浸透されており、シリアは実質上エジプトの管理下にある[25]」

結局のところ、英国の通貨危機、原油不足、国民の支持の欠如、アメリカの圧力、それにソビエトの脅威によって英仏は国連の停戦勧告を受け入れることとなった。それから数か月後には、アメリカはイスラエルにシナイ半島から撤退するように求めた。それはナセルにとっては幸運な変化であった。なぜなら、エジプト軍は深刻なダメージを負っていたが、スエズ紛争は、それにもかかわらず、地域の勢力均衡をエジプトに有利な方向に傾けたためである。パリがアルジェリアで執拗に妥協を拒み、ロンドンはイラクとペルシャ湾岸で影響力を確保する一方で、安全保障上の真空地帯がこの地域にうまれたのだ。[26] そしてその真空をうめたのが、ナセルのエジプトだったのだ。

ナセル・エジプトからわかる二つの教訓

振り返ってみれば、一九五六年のスエズ紛争を引き起こした原因や出来事を特定することは容易であるように見える。長い目で見ればスエズ紛争は、没落しつつある植民地大国と不安定なイスラエルとの同盟が、ナセルによって創出されたアラブ民族主義を粉砕しようとした試みであった。両勢力の対決は不可避であった。カイロは地域の盟主としての自信を深めつつあった。東側ブロックからの武器も入手し、ナセルは非同盟運動に没入していた。かたや、イスラエルはエジプトの軍事的能力に懸念を抱いていた。イスラエルが信じていたのは、軍事面でエジプトがイスラエルと肩を並べるか凌《りょう》駕《が》することを妨げる可能性はわずかしかないということだった。フランスは、北アフリカにおけるエジプトの秘密工作に憤慨しており、フランスの指導者らは、アルジェリア反乱の責任があるのは唯一エジプトだと感じていた。最後に英国は、ナセルを、中東における歴史的利権への脅威であると考えていた。その歴史的利権には、スエズ運河、イラク、ヨルダン王国、アデン、東アフリカの植民地、ペルシャ湾岸の保護領が含まれていた。

スエズ紛争が示したのは、軍事的勝利が必ずしも政治的成功にはつながらないということであった。イスラエル陸軍はシナイ半島を押さえ、英仏両軍はスエズ運河の北部の入口部分を確保したが、アメリカとソビエトの外交仲介により、英仏イスラエルは自らの獲物を放棄することを迫られたのだ。ナセルは辛くも生き延び、自らの敵がエジプト領から撤退するのを目撃した。その結果、ナセルの名声は中東世界に燦然《さんぜん》と輝くことになったのだ[27]。

そして、インテリジェンスという面で見れば、対外情報活動において多少の欠陥が見られたとしても、しっかりとした公安活動が、ナセルの勝利の原動力となっていたことを指摘しないわけにはいかない。たしかに、普通の民主主義国家であれば、ナセルのような強権的な公安防諜活動を採用することは困難である。しかし、改めて、対外情報活動を充実させる前に、しっかりとした公安防諜活動が必要であるという結論は揺るぎがないように思われる。

第三章

宗教国家イランを支えるインテリジェンス

中東という地域が存在感を見せ始めたのは、一九七三年と一九七九年のことであった。

一九七三年の場合は、第四次中東戦争をきっかけとしていた。エジプトが第三次中東戦争での失地回復のため、シリアとともにイスラエルに先制攻撃を仕掛けたのである。エジプトの大統領は、ナセルからサダトに代わっていたが、彼は緒戦で勝利をおさめたことで、後にイスラエルから政治的勝利を引き出すことに成功した。それが一九七八年のキャンプデービッド合意である。

その次の契機が、一九七九年であった。一九七九年二月にはイランでイスラム革命が勃発し、パーフレヴィー朝が打倒される。そして、のちに述べるように、ソビエトによるアフガニスタン侵攻が始まる。アフガニスタンでは、イスラム義勇兵によるソビエト軍に対する抵抗活動が開始され、最終的に八九年には、アフガニスタンから撤退しただけでなく、ソビエト自身も崩壊を迎える。中東が独自のリズムに従って動き始めるのは、まさに、一九七九年以降なのである。

ここでは一九七九年に成立したイランとその情報活動をとりあげることにしよう。

第一節　イラン革命の成功

ヴェラーヤテ・ファギーフ（イスラム聖職者による独裁国家）

イラン革命の結果成立した新国家は、ヴェラーヤテ・ファギーフと呼ばれるイスラム法学者が国家全体を指導・監督する体制を採用した。イスラム聖職者による独裁国家といってもよい。現在では不十分ながらも選挙は行われており、イラン国民の民意もある程度は反映されるようになっている。しかし、革命政権樹立直後は、ホメイニ率いるイラン共和党や、イスラム人民戦士機構（Mojahedin-e-Khalq：ＭＥＫ）、それに、共産主義政党であったツデー党が混在する状態がつづいていた。そこで、ホメイニ率いるイラン共和党が他の勢力を追い落として、権力を握ったのである。少し説明しておけば、イスラム人民戦士機構（ＭＥＫ）とは、イランの国内多数派シーア派の教義とマルクス主義を融合させた独自の反米的なイデオロギーに基づく武装闘争を展開していた政党であった。その後、ＭＥＫはことあるたびにイラン政府から弾圧を受けることになる。

話を元に戻せば、イスラム共和党が政権を握り、一九九四年に再び政党が結成されるまでは、イランはイスラム教聖職者の独裁政権であった。

したがって、革命後のイランの情報機関の最大の目的は、革命後の混乱のなかにあったイランイスラム共和国を、あらゆる脅威から守ることにあった。その脅威のなかにはアメリカ流の帝国主義はもちろん、ソビエト流の共産主義からの脅威も含まれていた。

しかし、独裁政権という特徴が、ソビエト・ロシアの体制との類似性を生み出すこととなった。情報活動という面から見れば、ロシア革命の結果成立した革命政権を支えたのは、次の三つの組織である。つまり、国内の公安活動を担当し、反政府陰謀を徹底的に取り締まった公安機関（後のKGB）、それに革命前後からトロツキーの元で積極的に情報活動を繰り広げていた赤軍情報部（GRU）、それに海外の共産主義者を糾合することで成立したコミンテルンである。イランの場合、国内の公安活動を担当しているのは、主に情報公安省であり、主に海外での活動を担当しているのは革命防衛隊（特に精鋭部隊であるクッズ軍）、それに海外でイランの国益のために働くレバノン・ヒズボラなどの海外の過激派である。とくに、レバノン・ヒズボラはホメイニの教義を深く信奉しているという点で、コミンテルンの参加者が皆共産主義者であったことに対応しているようにも見える。

とはいえ、類似もここまでである。情報公安省が海外で活動することもあれば、革命防衛隊も国内で盛んに経済活動を行っている。さらに、レバノン・ヒズボラは、レバノンにおいて単なる過激派の枠を越えた政党として成立している。厳密な意味で類似が成り立つわけではないのは当然のことだ。

まずここでは、現状のイランのインテリジェンスコミュニティーを、情報公安省、革命防衛隊（クッズ軍）、それにレバノンのヒズボラを紹介し、その後でイランの情報活動の歴史を概観することとしよう。

第二節　イランの情報機関

支援要員三万人以上、中東最大の情報機関情報公安省(Ministry of Intelligence and Security：MOIS、または、Vezarat-e Ettela'at va Amniat-e Keshvar：VEVAK)

ＭＯＩＳもしくはＶＥＶＡＫとして知られるイラン情報公安省は、パーフレヴィー時代の前身機関ＳＡＶＡＫを継承する情報機関である。

長官としてＭＯＩＳを指揮するための条件は、イスラム諮問評議会、つまりイランの国会で五〇％以上の同意を得た聖職者でなければならないということだ。

膨大な予算と巨大な組織をもつ情報公安省は、イラン政府のなかでも強力な官庁である。情報公安省は、伝統的にヴェラーヤテ・ファギーフ（Velayat-e Faqih：イスラム法学者が指導・監督する体制）の指導の下で活動し、最高指導会議に直属する。機密費も潤沢であり、その活動範囲や目的を見定めることは困難である。

情報公安省の当初の憲章によれば、情報公安省は、国内外の必要な情報の収集、調達、情報の分析と分類だけでなく、海外でのテロ工作の組織ならびに実行、イラン大使館、領事館、海外のイラン施設からの作戦の実行も担当することになっている。創設以来、情報公安省はさまざまな任務を遂行してきた。それらのすべてが、イラン政府の安全保障にかかわるものであり、イランの体制を不安定化させようとする国内外の脅威に対抗するものであった。そして、後に述べる革命防衛隊、民兵組織バスィージ、イランのヒズボラ、法執行組織などが協力して国内の治安維持に当たっている。[1]

次に情報公安省の機構を紹介しよう。情報公安省には十五の局がある。それらは、公安局、防諜局、外事局、公安調査局、技術局、政治局、評価戦略問題局、教育局、調査局、文書局、動員局、総務金融局、法務局、経済局、文化社会局である。これらの局の下に、下位の部局が置かれている。たとえば、公安局の下には、公安部、作戦部、保護部が置かれている。さらに、外事局の下には、欧州部、アフリカ部、アメリカ部、米国部、中東部、パレスチナイスラエル部、アジア太平洋部が置かれている。[2]

情報公安省は多くの監獄や監獄の支局をイラン国内で運営しているとされる。その運営に関してはイラン政府の監督は及んでいない。これらの監獄のなかでも有名なのが、テヘラン郊外にあるエヴィーン刑務所である。この刑務所にはイラン政府から国家の安全保障上の脅威と見なされた人間が投獄され、しばしば、それらの人間は政治犯であると信じられている。

情報公安省は、イスラム文化指導省と協力して活動していることが知られている。それは学生活動家の逮捕や裁判に関する報告をチェックするためである。また情報公安省が、核開発のような問題や、体制にとって批判的な記事を書かないように圧力をかけていると記者たちは非難している。

それ以外にも省内の位置づけは不明であるが欺瞞情報局は、情報公安省でも最大の部局といわれており、イランの敵に関する誤った情報を生み出し、その情報を普及させる活動を担当している。この部局は数千名の人員を擁し、その多くが、力尽くで転向させられたかお金で転向した元反体制派である。アフマディネジャド大統領の時代では、情報公安省外事局は多くの注目を集め、成長を遂げた。

情報公安省の要員は、イラン大使館に大使として、領事館に領事館員として、あるいは、文化イスラム指導省の宣伝代表として派遣される。情報公安省のメンバーは、大使館という場所を利用して、通信傍受、テロリストのリクルート、そしてテロ攻撃立案を行っている。情報公安省の幹部候補は、イランの公安機関から採用され、エージェントにより検証をうける。自らの忠誠心を証明するために、しばしば反体制派の人間を殺害しなければならなかったと言われている。ノンオフィシャルカバーには、イラン航空職員や、学生、機械工、商店主、銀行事務員、反体制派のメンバーなどが含まれる。情報公安省がしばしば用いるのは、メリ銀行である。メリ銀行の支店はハンブルク、フランクフルト、デュッセルドルフに置かれていたが、核開発に関する資金移動並びに過激派への資金援助によりアメリカ、EUから制裁の対象となっている。

また情報公安省の要員はしばしばパージの対象となっている。寵《ちょう》を失った個人は、不思議な環境で死ぬか、「自殺」するのである。[3]

なお、情報公安省の士官と支援要員の数は三万人を下らないと見られている。その結果、情報公安省は、中東でも最大かつ最も活発な情報機関と見なされている。[4]

イラン軍とは独立した革命防衛隊クッズ軍（Qods Force）の創設

ヒトラーの元でのナチスドイツが、ドイツ国防軍とナチス親衛隊という二つの軍隊を持ったように、イランも、イラン軍と共に革命防衛隊という軍を持つ。イラン革命当時、従来の軍への信頼度が低かったためにあらたに、この革命防衛隊が創設されたのである。実際、現在でも、革命防衛隊は、イラン国防省には属していない。

革命防衛隊は、陸軍、海軍、空軍、クッズ軍、バスィージから構成され、全員で一二万五〇〇〇名、そのうちクッズ軍は二万一〇〇〇名程度とされる。[5]

後に述べるヒズボラやイスラミックジハードの活動を含む革命防衛隊による海外での作戦は、通常海外情報活動委員会、もしくは海外行動実施委員会を通して実行される。情報公安省と同様に、革命防衛隊の要員は、フロント企業や非政府団体を通じて、もしくは貿易会社の社員、銀行の行員、文化施設の職員として、あるいは慈善財団の職員として活動している。

革命防衛隊のクッズ軍は、テロ活動を含む海外での作戦を担当している。クッズ軍の総司令部は南西の都市アフヴァーズに置かれている。二〇〇八年一月に、イランの最高安全保障会議は、クッズ軍の人員を一万五〇〇〇名に増強するという決定を下した。現在のクッズ軍の要員数は知られていない。イラン革命防衛隊クッズ軍は、世界中のテロ組織や過激派を支援するイランの主要な対外組織であり、そのために、訓練、兵站上の支援、活動家やテロ作戦への物質的、金融的支援を提供している。支援を受けたなかには、タリバン、レバノンのヒズボラ、ハマス、パレスチナイスラム聖戦機構、パレスチナ解放戦線総司令部派が含まれる。[6]

イランのプロクシ（代理）レバノン・ヒズボラ

レバノン・ヒズボラは、厳密に言えば、イランの情報機関ではない。しかし、イランのプロクシ（代理）として機能してきたという経緯を考慮すれば、広い意味ではイランの情報機構の一角をなすという言い方はできるだろう。

レバノン・ヒズボラとは、レバノンに本拠を持つシーア派の過激派である。そのイデオロギーはイラン革命とホメイニの教えを基礎としている。レバノン・ヒズボラは、一九八二年に、イスラエルのレバノン侵攻への対応として創設され、イスラエルをこの地域から追い出すことを目的としていた。ヒズボラの諮問会議(Majlis al-Shura)は、意思決定の最高機関であり、ハッサン・ナスララ(Hassan Nasrallah)によって指導されている。ヒズボラのテレビ局アル・マナールは、インティファーダを促し、パレスチナ人の自殺作戦を促進するために扇動的なイメージを用いた報道を行っている。

ヒズボラはイランと緊密に連合し、イランに指導される。しかし、単独で行動する能力も持っている。このレバノン・ヒズボラは、一九九二年以降レバノンの政治体制に積極的に参加している。しかし、表向きはあくまでレバノンにおけるイスラム統治の実現を主張している。レバノン・ヒズボラはシリアの強力な同盟でもあった。シリアがレバノンでの政治目的を実現するさいにもレバノン・ヒズボラは支援している。しかし、その活動は、現在までのところでは限定されている。

ヒズボラは主にベイルート南部の郊外、ベッカー高原、それに南部レバノンで活動している。ヨーロッパ、アフリカ、南米、北米、それにアジアに細胞を持つ。また、イランから、政治外交的、組織的支援だけでなく、金融支援、訓練、武器、爆発物の援助を受けている。またシリアからも政治外交的支援や兵站面での援助を受けている。それに加えて、世界中のレバノン人を通じて、同情的な企業から金融支援を受けている。[7]

ヒズボラのなかでも特に有名なテロリストがイマード・ムグニヤ（Imad Mughniyah）である。彼は「狐」というニックネームで知られ、レバノン・ヒズボラの幹部として活躍した。西側諸国やイスラエルの情報機関は、一九八〇年代から一九九〇年代にかけてのレバノン・ヒズボラによる海外テロ活動の多くに彼が関与したと考えている。たとえば、一九八三年のベイルート米大使館襲撃事件、同年のベイルート・アメリカ海兵隊兵舎爆破事件、一九九二年のブエノスアイレスのイスラエル大使館爆破事件などにも関与していたとされる。彼は、アルカイダのような他のテロ組織とも関係を持ち、イランとの関係も緊密であった。多くのアメリカ人やイスラエル人を殺害したムグニヤであったが、二〇〇八年にシリアのダマスカスで車に仕掛けられた爆弾によって死亡している。[8]

それ以外の組織としては、民兵組織バスィージがある。これは、青少年を対象にした組織である。一九八〇年に結成されたバスィージは、イランイラク戦争において、革命防衛隊とともにイラク軍に人海戦術で立ち向かったことが知られている。[9]

また、それ以外にも、特別作戦統合委員会がある。この委員会の役割は、情報収集、とくに海外の兵器技術に関する情報収集、ならびに亡命イラン人社会内部の活動に関する情報収集である。特別作戦統合委員会は、一九八九年以降、イラン人の反体制派やイスラム共和国に批判的な人間の暗殺に関係してきた。イラン当局は、一九七九年直後の亡命イラン人の暗殺とイスラム体制に反対する人間の暗殺を公に認めている。またイラン当局は、公式に、多くの暗殺と、イランが直接関与していないと信じられている事件の犯人をかくまっていることをあきらかにしている。特別問題委員会は、一九九四年のアルゼンチン、ブエノスアイレスでの爆破テロにもかかわっていると言われている[10]。

そして、軍関係の情報機関として軍情報部がある。

統合参謀部内部に置かれた軍情報部の要員は、軍のすべての管轄に対する、情報活動立案、情報活動、情報活動訓練、防諜活動、警備を担当する。さらに、国内の公安問題に関しては革命委員会（コミテ）と、対外情報活動に関しては情報公安省と連絡関係を維持している。

また、アンサーレ・ヒズボラという半ば公式に認められたイランの準軍事組織（民兵）もある。

第三節　イラン革命前後

モサドとＣＩＡが協力したＳＡＶＡＫ（国家公安情報組織）

第二次大戦後、イランは冷戦における西側の主要なプレイヤーであった。その結果、イランはアメリカや英国から支援を受け、北方で国境を接しているソビエトに対して秘密作戦を遂行していた。

一九五七年には、アメリカとイスラエルが、当時のイラン国王モハマド・レザー・パーフレヴィーと協力してSAVAKと呼ばれるイランの国家公安情報組織を設立した。その目的は体制を国内の反対勢力から守ることであった。また、共産主義や左派政党のメンバーが軍や政府組織のなかに浸透しないようにする責任も負っていた。このようにSAVAKの主要な役割は国内での情報活動であったが、対外情報活動にも関与していた。そしてSAVAKは大部分が軍の要員によって運営されていた。一九七九年の革命以降に出版された、SAVAKの活動内容を示したパンフレットによれば、SAVAKは一万五〇〇〇名の要員と数千人のパートタイムの情報提供者からなる完全な情報機関であった[11]。

SAVAKがモデルとしたのはアメリカのCIAであった。五三年のクーデター直後に、CIA長官であったアレン・ダレスはイランに五名の専門家を派遣している。それに引きつづいてイスラエルのモサドが情報機関の形成に協力している。しかし、これはイスラエルにとっても不利な話ではなかった。なぜなら、イランを通じてアラブ諸国に関する情報を収集する機会を得たためである[12]。

一九六〇年初頭、SAVAKの主要な関心は、まずソビエトと関連したツデー党であり、次いで、その他の反対勢力であった。そのなかには、民族主義者、世俗政党、自由主義政党が含まれた。一九五〇年代初頭、ツデー党はモハメッド・モサデク首相を支援していた。それは彼がイランの石油産業を国有化しようと努力していたためだ。しかし、石油利権を取り戻すことを目的としたアメリカのCIAと英国の支援を受けた一九五三年のクーデターにより、ソビエト支援はなくなり、シャーは権力を取り戻した。

一九六〇年代初頭には、シャーの政府は、シャーの反対勢力により増大していた抗議活動を抑圧することに成功した。それはＳＡＶＡＫが彼らの組織に潜入し、彼らを逮捕することで黙らせたためであった。一九六三年以降、シャーの体制に対してゲリラ工作を仕掛けた学生たちの場合も同様に抑圧された。パレスチナ解放人民戦線やパレスチナ解放機構に関連する組織から訓練を受けた共産主義のグループであるファダイ・ゲリラに関しても同様であった。ＳＡＶＡＫは海外の反体制派の学生も監視し、亡命中の反体制派の人物の暗殺を企てていた[13]。

イスラム革命の成功にソビエトの影

一九七九年のイスラム革命以降、イラン情報機関は、他の革命政権と同様の情報活動を展開した。つまり、国内外での反対者と亡命者を特定し、根絶やしにすることに全力を傾けたのである。そのために、奇妙な話ではあるが、情報収集は、主要な任務とはならなかった。この段階でイランの革命政権に、対外情報を提供していたのはパレスチナ解放機構（ＰＬＯ）であった。しかし、当時のソビエトのＫＧＢが、革命によって損なわれていたイランとアメリカの関係をさらに悪化させるための手段として、この情報交換を用いて革命政権に不正確な情報を提供したと言われている。

一九七九年の革命当初から、イラン国内の公安活動は、イスラム革命委員会の手に委ねられていた。この革命委員会は、イラン革命の最高指導者であったルーホッラー・ホメイニの命により創設された。ホメイニが革命委員会を創設したのは、既存の警察機構は、新たに誕生した革命政権よりも、前国王の方に忠誠を誓っているかもしれないと懸念したためであった。革命委員会は警察署、モスク、青年施設といった身近な場所に設けられた。国内の公安活動を担当することに加えて、それぞれの革命委員会は、近隣の情報を収集する部隊を擁していた。当時ホメイニに近かったアヤトラ・モハメッド・レザ・マダビ・カニが革命員会を管轄していた。マダビ・カニが、一九八〇年から八一年にかけて内務相を務めていたので、革命委員会が内務省の管轄であった可能性がある。情報収集には反対勢力による破壊活動や防諜活動を扱う判事も関わっていた。

革命を先導するためにパリ亡命中にアヤトラ・ホメイニが組織した暫定政権と革命委員会は、SAVAKの一部を再生させるために努力した。とりわけ、外国大使館を監視し、スパイ活動を発見することを主たる任務とした第八局の再生を希望していた。この部局は、東欧諸国、とりわけソビエトやアラブ諸国に焦点を当てていた。革命後、エブラヒム・ヤズィディ博士は、対象とする国家の範囲を広め、SAVAKの要員を継続して使用した。

一九七九年から八〇年にかけて、革命政権はさまざまな機関を創設していた。しかし、もっとも明確で、高い名声を誇ったのが、国家情報公安局（SAVAMA）である。SAVAMAはSAVAKの基盤の上に設立された。SAVAMAはSAVAKと同じ方法を用いて、対外情報を収集した。その一方で、革命を防衛するために革命防衛隊が創設され、国内の脅威に対応した。後に革命防衛隊は、対外情報活動に関与することになる。[14]

革命を成功させた要因として考慮せねばならないのが、ソビエトを頂点とする東欧諸国の協力である。七九年当時のツデー党総務を務めていたヌーレディーン・キアヌーリの死後、一九九九年に刊行された『歴史との対話』という書物がある。このなかで、キアヌーリはイラン革命における東ドイツの関与を指摘している。

このヌーレディーン・キアヌーリという人物は、シェイク・ファズローラ・ヌーリという著名なシーア派聖職者の孫として、一九一五年に生まれた。キアヌーリはドイツで教育を受け、アーヘン工科大学で博士号を取得した。その後彼はテヘラン大学で教鞭を執っていたが、一九五三年のイランのクーデターによって、イラン国内でのツデー党の活動が禁止されたために、東ドイツに亡命した。一九五〇年代から七〇年代にかけての亡命中、イタリア人を装ってドイツで研究教育活動を継続していた。一九七九年に革命が起き、シャーが退位すると、彼は本国に戻りツデー党の事務局長に就任した。一九八三年にツデー党が再び禁止されると、キアヌーリはソビエトのためのスパイの容疑により、やはり共産主義者であった妻とともに投獄され拷問を受けた。九〇年代半ばに釈放され、投獄中に彼と妻がうけた拷問を扱った公開書簡を記している。釈放後も自宅軟禁の状態が続き、一九九九年十一月五日に死亡した。

五三年のモサデクのクーデターの後、ツデー党の組織は、イラン国内では壊滅していた。そのツデー党の本部が、一九五九年以降、東ドイツのライプツィヒに置かれていた。ツデー党の運営に必要な資材は、東ドイツ政府によって賄われていた。共産主義者らはまた、イランの反体制派もコントロールしていた。これらの組織の中心はイラン学生連合国民会議であったが、この組織のプロパガンダは、西欧やアメリカに留学した約八万のイラン人留学生に向けて行われていた。また宗教系の知識人もイスラムとマルクス主義の混交を志向し始める。ホメイニを権力の座につけたのはそうした知識人だったのだ。

こうしたプロパガンダの中心となったのが、イランペイケ党放送（la radio du parti Peyke Iran）であった。当初東ベルリンに置かれていたこの放送局は、ブルガリアのソフィアに移転された。そこでやはりブルガリア共産党は、この放送局に、職員やその給料、住居、自動車、医療などを提供した。実は、ホメイニの演説もこのラジオを通じてイラン本国に放送されていた。イラクに亡命し、資金もなかったホメイニがイラン本国に働きかけることができたのは、このプロパガンダ放送のお陰だったのである。[15]

以上長々とイラン革命の背後で忘れ去られたソビエトの関与について紹介した。この経緯からもわかるように、七九年のイラン革命直後の革命政権に、共産主義の影響を受けた人物や隠れ共産主義者が多数いたものと思われる。このことが、革命後のイランの政体、とくにそのインテリジェンス機構やその活動様式にも大きな影響を与えたことは想像に難くない。革命政権の手法がどうしても共産主義体制のものと似通ってしまうのである。

それと同時に、八〇年から、なぜホメイニらのイスラム共和党がイスラム人民戦士機構（ムジャヒディン・ハルク）や他の世俗政党を追い出しに掛かったのかもわかる。それは革命政権内部に浸透した外国勢力を取り除きたかったのだ。たとえその脅威が、今から見れば幻想であったとしても、ホメイニら宗教指導者にとっては、耐えがたいものであった。とりわけ、マルクス主義の影響を受けたイスラムは受け入れることはできなかったのだ。

情報公安省の成立で海外の情報機関、国外の反体制派に対抗

イランのインテリジェンス機構は、革命当初は、相対的に成功を収めた。一九八〇年七月には、

シャーに忠誠を誓うイラン空軍の士官による革命政権打倒の試みであったノジェ一揆（Nojeh Coup）が暴露されたのだ。それ以降、公安活動や情報活動を担当する部局の定員は急速に増大し、情報活動のシステムに支障を来すほどであった。

その結果、イランイスラム共和国の二代目大統領を務めるモハメッド・アリ・ラジャエイが、一九八一年に首相府情報局を創設した。この段階で情報活動は、首相府情報局、革命防衛隊、陸軍、革命委員会、それに警察によって分担されていた。

一九八三年八月には、イラン議会が、対外情報活動と反革命集団と対決する経験を持った三つの組織を統合することにより情報公安省を創設することを承認した。その三つの組織とは、一九七九年以降別々に活動していた革命防衛隊情報部、革命委員会、それに首相府情報局であった。

この段階で、元ＳＡＶＡＫのエージェントは宗教指導者により恩赦が認められ、情報公安省の下で働きつづけられるようになった。とくにＳＡＶＡＫのエージェントは、一九八〇年代のイランイラク戦争に対処するにあたって、イランの情報活動能力を向上させるために必要だったのだ。

情報公安省には、イランの敵国の情報活動に対抗しうるだけの強力な情報活動能力の強化が求められていた。海外の情報機関は、反革命グループのなかに浸透しており、さらに、イランイラク戦争の際にはイラン政府の内部にまでも入り込んでいた。さらに、イラン政府は、国外の反体制派にも対処しなければならなかった。なぜなら、彼らは常にイランの革命政権に反対を唱えていたためである。[16]

第四節　一九八〇年代

国内の縄張り争いを制し情報機関の職員を養成したレイシャリ

情報公安省の初代大臣はモハンマド・モハメディ・レイシャリであった。彼は一九四六年にゴムで生まれている。彼がこの職務についたのは、ホッジャトル・エスラームの資格（ウラマー三番目の位階）を認めさせたうえのことであった。これは、イスラム法（シャリーア）に違反することなく、拷問のような手続きを執行できるということを意味していた。

レイシャリはソビエトのモデルに従って副大臣のポストを創設した。そのなかには、レイシャリの後継者となるアリ・ファラーヒンも含まれていた。

レイシャリの課題は、さまざまな情報機関の寄せ集めとして成立した情報公安省を円滑に機能させることであった。しかし、その障害となったのが他の情報機関の存在であった。情報公安省に集められた情報は、レイシャリを経由せず、革命防衛隊から大統領に伝えられていたのだ。これは、革命防衛隊情報部の要員も情報公安省に加入させたことによる弊害であった。

これに対してレイシャリは、ホメイニに掛け合い、ホメイニは省内での徒党を禁止する命令を出した。

こうした縄張り争いは司法当局との間でも生じた。司法当局は情報公安省の恣意的な逮捕に反対

イランの地図

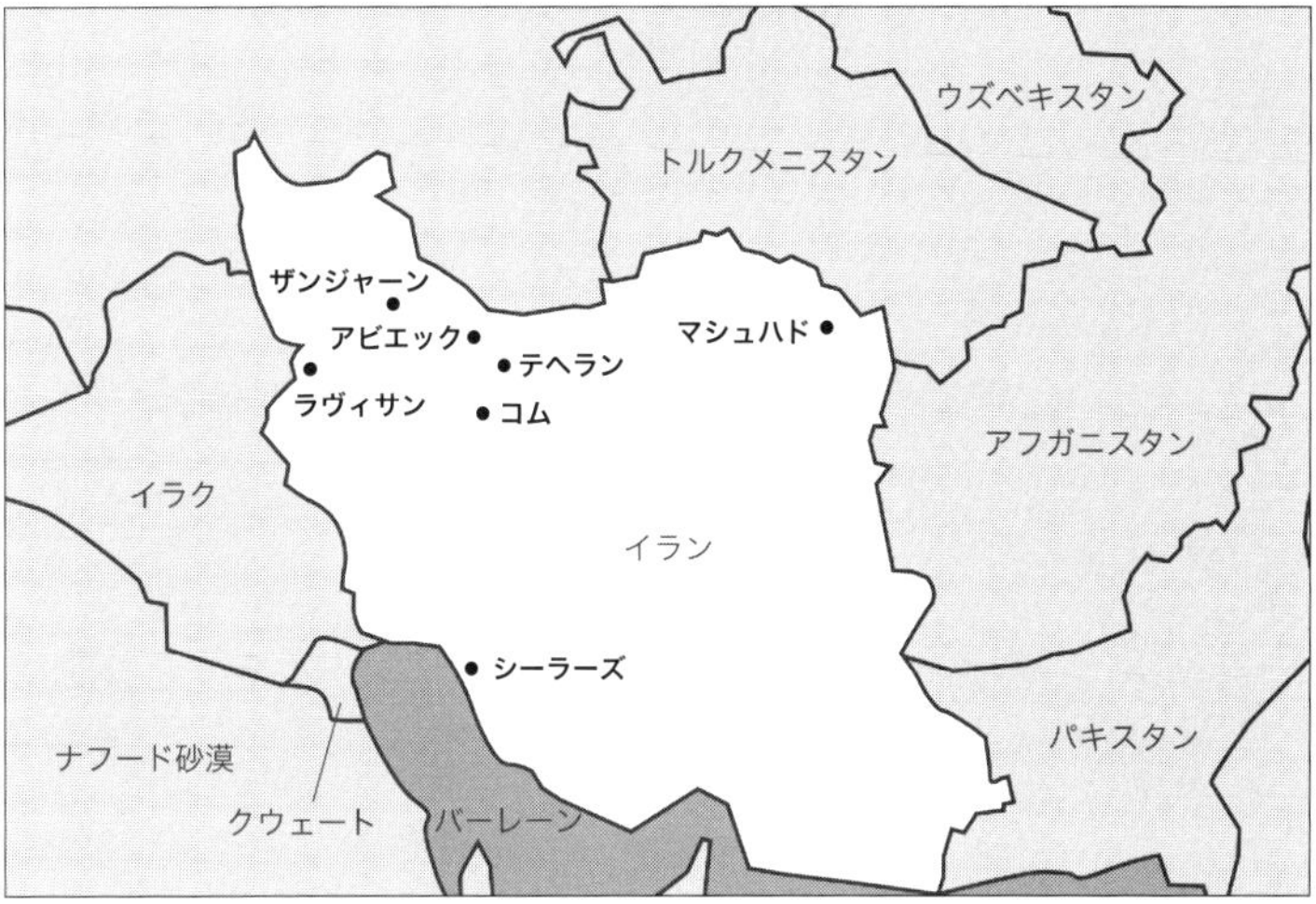

していたのだ。これに対しレイシャリは司法の言い分を認めた。情報公安省の活動が司法によって裏付けられる必要があったためだ。

しかし、レイシャリは省内に代用検事を導入することをまたしてもホメイニに掛け合い、その許可を得た。それに対し高等司法委員会も代用検事の導入を承認したのだった。

レイシャリの次の課題は職員の養成であった。レイシャリは一九八五年十二月に、シーラーズで、インテリジェンス大学の創設を表明、当時大統領であったハメネイの尽力により、一九八六年九月二十八日に、イマール・バゲール大学が創設された。この大学は、尋問、拷問、殺人工作の教育のための主要な教育機関となった。

また、ラヴィサンには防諜学校が設けられた。ここでは情報活動に携わる士官が、情報活動と防諜活動に関する理論的訓練を受けることになっていた。その教育のなかには、準軍事作戦における武器の使用なども含まれていた。

さらに、アビエックには軍事基地が設けられ、都市でのゲリラ戦の訓練のために、都市が丸ごと再現されていた。これは暗殺技術を完成させることを目的としていた。演習に際しては実弾が用いられ、訓練の一環として、実物の死体に対して銃弾が撃ち込まれた。それ以外にも気象の知識、ドアの錠前を開ける技術、カーチェイスの手法なども教えられている。[17]

イランイラク戦争時に海外亡命者の暗殺が多発

海外亡命者の暗殺は、レイシャリ以前の時代から始まっていた。一九八〇年から、一九八四年にかけて、フランス、アメリカ、フィリピン、トルコ、スウェーデン、ドイツ、インド、パキスタンで一〇名が暗殺されている。

情報公安省の時代も、暗殺はとぎれることはなかった。一九八五年の後半で二名、一九八六年には四名、一九八七年には一二名、一九八八年には一名が暗殺されている。このなかには情報公安省が海外に設けた小集団や個人、たとえば、チュニジアの過激派フォウアド・アリ・サレー、レバノンのイスラム聖戦機構やアマルといったシーア派の小組織を指導して実行されたものも含まれていた。

海外に在住するイラン人の革命反対派に焦点を当てることが、一九九〇年代の情報公安省の主要な目的の一つであった。情報公安省は、実際には、多くのテロ活動や海外の反対派の暗殺を担当していたのである。たとえば、前国王時代の最後の首相を務めたシャープール・バフティアが暗殺されたのもこの時期である。

なかでも暗殺の対象となったのがイスラム人民戦士機構（ＭＥＫ）であった。そのトップを務め、フランスに亡命していたマスード・ラジャビに対しては一九八二年に革命防衛隊情報部によって暗殺が試みられたが、未遂に終わっている。[18]

また、イスラム教を風刺した『悪魔の詩』の筆者であるインド生まれのサルマン・ラシュディー暗殺のために、情報公安省のエージェントは、直接情報収集に当たった。この本の反イスラム的内容のために、ホメイニは、善良なイスラム教徒にラシュディーと彼の出版社を殺すことを求めるファトワ（イスラム教における勧告）を発した。

その結果、筆者のラシュディー本人も命を狙われ、各国の翻訳者も命を狙われることになった。[19]日本語版の翻訳者であった筑波大准教授の五十嵐一も、容疑者は未だ明らかではないが、殺害されている。

それにしても、海外で反対派の暗殺が繰り返されたのはなぜなのだろうか。当時の時代状況を考えれば、ある程度は理解できる。八〇年代は、イランイラク戦争のまっただなかであった。アメリカはおろか、周囲のアラブ諸国もおしなべてイラクを支持していた。その意味ではイランの外交的孤立は際立っていたのである。その孤立のなかで海外の反対勢力は、我々の想像以上に脅威に感じられたのだと考えられる。

八八年のイランイラク戦争での敗北と八九年の最高宗教指導者ホメイニの死によって、イランの外交的孤立は緩和した。その意味では、海外での暗殺活動は収まるはずであった。しかし、海外の

「敵」に対する敵意はそれ以降もやむことがなかったのである。

イスラム革命の輸出がレバノン・ヒズボラ創設の狙い

イラクとの戦争、国内での政治的主導権を握るための戦い、前国王支持派や左翼のパージを遂行しながら、革命防衛隊は、さらにもう一つの戦線を切り開こうとしていた。それはイランの影響力を対外的に拡大すること、一言でいえば、イスラム革命の輸出であった。そして、輸出された先がレバノンであり、成立した組織がレバノン・ヒズボラだったのである。これは先に挙げたアンサーレ・ヒズボラとは別の団体である。

世界中のいかなる場所でもテロを遂行できるという革命防衛隊の能力は、イランの国防政策の大きな支柱となっている。革命防衛隊のテロの対象は、過去三十年の間アメリカであった。しかし、アメリカはヒズボラの脅威に十分に対抗できていないのが実態だ。

まず、レバノン・ヒズボラの形成過程を振り返っておこう。一九八二年から一九八三年にかけて、革命防衛隊と聖職者たちは、当時レバノンに存在していた二つのシーア派組織、アマルとレバノン・ダアワ党の一部を統合し、それがレバノン・ヒズボラとなる。後にヒズボラの指導者となるハッサン・ナスララ（Hassan Nasrallah）は、ダアワ党の出身である。そしてアマルのNo.2であったフセイン・アル・ムサウィ（Hussein al-Musawi）が、イランとの協力に否定的だったアマルの指導者ナビ・ベリーと袂を分かち、イスラミック・アマルと呼ばれる分派を結成した。この分派がヒズボラの母体となったのである。[20]

それにしても、なぜこの時期にレバノンが革命の輸出先となったのだろうか。時期に関しては八二年のイスラエルによるレバノン侵攻をあげることができる。イランとしては影響力を拡大するのに絶好のタイミングであったのだ。

そして、レバノンにはホメイニの支持者が多いという理由もあった。レバノン出身のシーア派聖職者の多くは、七〇年代当時イラクのナジャフにあったシーア派の神学校で学んでいた。一九六〇年代から一九七〇年代にかけて、ホメイニとその取り巻きはナジャフのシーア派の神学校で教鞭を執っていた。その結果、レバノンのシーア派聖職者のなかには、ホメイニを支持するものが多かったのである。[21]現在までつづくイランとシリアの関係はこのときから始っていた。

当時、シリアは、レバノンにイランの勢力が拡大することに懐疑的であった。しかし、当時のシリア駐在のイラン大使がシリアを説得し、イランからの原油と引き替えに、シリアはイランに協力する側にまわった。[22]

一九八二年に最初の革命防衛隊の派遣軍八〇〇名が、レバノン東部のバールベックとその近郊の村に派遣された。その目的はイスラミック・アマルの構成員の訓練とイスラエル軍兵士との戦闘であった。さらに、七〇〇名がベッカー高原に到着し、訓練に参加した。それに加え、三〇名から四〇名のシーア派の聖職者もそれに加わった。その目的は、レバノンの住民との絆を深め、イラン革命の主張を浸透させることにあった。[23]

その後ヒズボラは大きく勢力を拡大した。その理由は、第一に、レバノンの聖職者もヒズボラに参加したこと、第二に、参加者への利益供与があった。ヒズボラに加われば、月給一五〇ドルから二〇〇ドルの収入が得られ、自分と家族の医療も無料になったのだ。

ヒズボラは、イランの資金を用いて、学校、医療施設、モスク、テレビ局やラジオ局、農業組織を作り上げた。社会サービスには、ホメイニ、イラン、イスラム革命をたたえる膨大なプロパガンダが付随していた。イランの代表団は、殉教には価値があり、アメリカと他のイランの反対勢力は悪魔であるというメッセージを拡散した。最終的にバールベックに住むすべての人間は、ホメイニ流のイスラム原理主義に晒されることになったのだ。厳密な服装の規定、西洋流の振る舞いを妨げるキャンペーンが繰り広げられた。反対者は嫌がらせや誘拐の対象となった。[24]

ヒズボラによる連続爆弾テロと誘拐事件

こうして勢力をつけたヒズボラは、一九八三年四月にベイルートのアメリカ大使館に、爆発物を積んだバンを突入させる自爆テロを敢行した。この爆発で、一七名の大使館員の人命が失われた。そのなかには、ＣＩＡの中東専門の分析官二名、それに一二名の軍人が亡くなっている。

そして、一九八三年十月二十三日には、レバノンで平和維持活動に従事していたアメリカ海兵隊とフランス空挺部隊に対して自爆攻撃が加えられた。その結果アメリカ側は二四一名、フランス側では五八名が死亡した。

そもそもこのときなぜアメリカ海兵隊やフランスの空挺部隊がレバノンに駐留していたのだろうか。当時レバノンでは、一九七五年から始まった内戦によってレバノン政府は弱体化していた。国内は、シーア派イスラム教徒、スンニ派イスラム教徒、マロン派キリスト教徒、ギリシャ正教徒、ドルーズ派などで分裂していた。

その混乱に乗じてパレスチナ解放機構（ＰＬＯ）が入り込み、そこから北イスラエル地域にロケットや大砲で攻撃を仕掛けた。それに対してイスラエル軍は、一九八二年六月南部レバノンに侵攻し、最終的には全土を制圧した。一九八二年七月初頭に、イスラエル軍は西ベイルートのＰＬＯ戦士たちを包囲した。アメリカが、イスラエル、ＰＬＯ、他のレバノンの勢力と交渉し、和平への合意が結ばれた。それはＰＬＯはレバノンを去り、そのＰＬＯの退去を米海兵隊が監督するというものであった。

ＰＬＯの戦士が退去する際に、アメリカはその家族の安全は保障すると約束していたが、その約束は守られなかった。レバノンの親イスラエル政党「ファランヘ党」などで構成される民兵組織「レバノン軍団」によるパレスチナ難民の大量虐殺事件が起きるのだ。サブラやシャティラとして知られている難民キャンプでは、子供から老人に到るまで八〇〇名から一六〇〇名が亡くなったと言われている。

こうしたレバノン国内の混乱を沈静化するために米海兵隊やフランス、イタリアの部隊が平和維持部隊として派遣されていたのである。

ベイルート・アメリカ海兵隊兵舎爆破事件へのイランの関与に関しては、さまざまな証拠が挙がっている。一九八二年九月二十六日に、情報公安省からシリアに駐在していたモタシェミ大使への電話が、米国家安全保障局（ＮＳＡ）によって傍受されている。また、二〇〇三年にはイランを相手取った裁判がアメリカで起こされており、その裁判の過程で、元ヒズボラメンバーにより、大使がバールベックに指示内容を伝えていることがあきらかになっている。

その後も、一九八三年十二月十二日に、クウェートのアメリカ大使館への爆弾テロが実行されている。しかし、自爆テロの運転手が間違った建物に突入したために、被害は少なかった。さらに、クウェート政府はテロ事件の実行犯を特定し、ヒズボラの工作員を逮捕した。

これに対してヒズボラは、アメリカ人を含む西洋人を次々に誘拐することで答えたのである。最初に誘拐されたのは、ベイルートにあるアメリカン大学の学長デヴィッド・ドッジであった。誘拐が実行されたのは、一九八二年七月十九日のことで、レバノンのファランへ党による四名のイラン人誘拐に対応したものだった。そのうちの二名は、バールベックの革命防衛隊司令官であったアフメト・モテバゼリアン、それにイラン公使のモシェン・ムサビであった。革命防衛隊は、アメリカ人を誘拐することで、アメリカからイスラエルに圧力をかけて、拉致されたイラン人を解放させようとしたのである。ただ残念なことにこのとき誘拐された四名のイラン人の所在は三十年後もあきらかになっていない。

この誘拐は、革命防衛隊によって実行され、人質の管理はヒズボラの前身のイスラミック・アマルによって行われた。ドッジはベッカー高原に連行され、そこで薬物を投与された。その後、ドッジはシリアへ陸路で輸送され、シリアからはさらに外交荷物の中に隠されたうえで、イランに輸送された。イランでは、ドッジはテヘランのエヴィーン刑務所に収監された。それから一年後の一九八三年七月二十一日にドッジが解放されると、この事件へのイランと革命防衛隊の関与があきらかになった。それ以降は、イランの関与を目立たないようにするために、ヒズボラの工作員が専ら用いられるようになった。

そして、ヒズボラはクウェート政府に捕らえられている爆弾テロの実行犯を釈放させるために、執拗に誘拐を繰り返している。一九八四年二月十一日には、アメリカン大学の工学教授のフランク・リーガー、それにフランス人のクリスティン・ジュベールが誘拐された。さらに、一九八四年三月十六日には、CIAベイルート支局長のウイリアム・バークリーが誘拐されている。バークリーの誘拐後、レバノンで活動していたCIAのケースオフィサーの下で活動していたエージェントは殺害されるか、あるいは単に姿を消した。バークリーの前任者は、一年前の大使館爆破事件で死亡しており、CIAは中東問題の専門家であった支局長を二名も失うことになった。地元のエージェントからの情報も途絶え、アメリカはこの人質問題を解決する手段を失ったのである。

誘拐された人質のうちの何人かは、ベッカー高原のバールベック近郊にある革命防衛隊のシェイク・アブドゥラ兵舎に収容された。この兵舎は革命防衛隊がヒズボラを支援する兵站拠点であった。バークリーもここに収監され、拷問を受け、手足を切断され、最終的には殺害された。この事件はアメリカのインテリジェンスコミュニティーに衝撃を与えた。

このような誘拐事件が一九八二年から一九九二年までレバノンで相次いで繰り広げられた。総計九六名の外国人が誘拐され、少なくとも八名の人質が収監中に死亡している。イランコントラ事件でも、ラフサンジャニがアメリカ相手に行っていた交渉を、革命防衛隊が横取りし、アメリカ製の武器と引き替えに、三名のアメリカ人が釈放されている。しかし、三名の釈放後、さらに三名の西洋人を拉致したのだった。

一連の誘拐事件が終わりを迎えるのは、一九九〇年代に入ってからである。ホメイニの死後大統領に就任したラフサンジャニは、保守派ではあったものの、アメリカとの交渉を拒否するほど過激ではなかった。一九九〇年二月にラフサンジャニは、ヒズボラにすべての人質の釈放を求めた。当時ヒズボラのトップであったスービー・トゥファイリはその要求を拒絶した。これに対してラフサンジャニは、ヒズボラ内部の機構改革に干渉し、トゥファイリを追い落とし、トップをアッバス・ムサウィにすげ替えた。ムサウィは、より柔軟な人物で、人質の釈放にも同意していた。しかし、すべての人質が釈放されたわけではなかった。[25]

興味深いことだが、最後に残った人質を釈放するきっかけとなったのはサダム・フセインであった。フセインは一九九〇年八月にクウェートに侵攻すると、すべての囚人の釈放を命じた。その結果、当時クウェート政府に収監されていた八三年のクウェート米大使館爆破事件の犯人らも釈放され、レバノンに帰国した。

イラク軍のクウェート侵攻、そして爆破実行犯の釈放の後、最後に残された三名のアメリカ人の人質が一九九〇年十二月に釈放された。他の人質交渉と同様に、この釈放に関しても交渉は、レバノンではなく、テヘランで行われた。イラン外務省は、スイスの外交官を通じて、アメリカに人質が数日以内に釈放されることを伝えたのであった。[26]

表向きはイランは、ヒズボラやその他の組織を用いたテロ事件の責任を認めていない。しかし、ヒズボラがイランのプロクシ（代理）であることは否定しがたい。さまざまなイスラム過激派を考えるうえでも、この組織は誰の、もしくはどの国家のプロクシなのかを検討する必要がある。このプロクシという視点が中東を見るうえでの非常に重要な視点なのである。

第五節　一九九〇年代

抑圧が激しかったハメネイの時代

一九八九年六月三日にホメイニが逝去すると、その次を担う最高指導者としてハメネイが選出された。また、大統領としてハシェミ・ラフサンジャニがポストについた。興味深いのはラフサンジャニの大統領就任が、選挙前にソビエトに予想されていたことである。この時期に到っても、ソビエトの情報網はイラン国内に張り巡らされていたと考えるべきであろう。

それと同時に、情報公安省副大臣を務めていたアリ・ファラーヒンが情報公安省大臣に就任した。ファラーヒンは、ラフサンジャニとともに八年間にわたって情報公安省を管轄することになる。

ホメイニの死後、イランの体制の穏健化が予想された。実際、周辺のアラブ諸国や西側諸国とも関係改善の兆しが見られた。しかし、情報公安省の活動は、レイシャリの時代とほとんど変わることはなかった。

ファラーヒンにとって、もっとも危険と考えられていた反対勢力は、一つは、クルド人のイランクルド民主党（Iranian Kurdistan Democratic Party:IKDP）とイスラム人民戦士機構（ＭＥＫ）であった。

この二つの敵組織に対して、国内では抑圧、国外では暗殺、さらには偽情報の拡散が行われたのである。

まず、国内での抑圧を取りあげよう。実は、一九九〇年代は、イランでは、多くの抗議運動、スト、革命防衛隊との口論が見られた時代であった。その一例を挙げると、イランの都市ザンジャーンでは、一九九一年八月十五日に、三万人が街路で抗議活動を行った。その結果、五名が死亡、二〇〇〇名が逮捕された。その一方で五〇もの政府の車両が暴徒によりひっくり返されたのだった。一九九二年には、石油工場でストライキが行われた。一九九二年九月九日には、テヘランで軍と革命防衛隊の間で衝突が見られた。一九九四年四月二十日には、テヘランで学生による暴動が起きた。こうした事件が起きるたびに、革命防衛隊が秩序の回復に乗り出した。その際には、革命防衛隊は、チリのピノチェト大統領と同じように、武器の使用もためらうことはなかった。

国内で反対運動が抑圧される一方で、国外では反体制派に対する暗殺事件が多発した。何よりもその件数の多さは際立っている。一九八九年には三件、一九九〇年には一二件、一九九一年には一四件（その内の一人はシャーの時代の最後の首相シャープール・バフティアであった）、一九九二年には三五件、一九九三年には一八件、一九九四年には二六件、一九九五年には二九件、一九九六年には二三件、一九九七年には二四件、一九九八年には五件、一九九九年には二件となっている。[27]九八年から暗殺件数が減少しているのは九七年の大統領選において改革派のハタミが当選したためと考えられる。これ以降、情報公安省には改革派が次々と乗り込んだために、暗殺の件数も減少したのだと推測される。

イラン情報機関によるヨーロッパでの精力的な活動

イラン情報機関の精力的な活動の一つの実例は、ボンのゴーテスベルクアレー一三三～一三七に置かれていた外交施設であった。この施設はヨーロッパにおけるイラン情報活動の本拠であった。ここでは、情報公安省の職員約二〇名が勤務し、他の機関の代表も、機密性が確保された三階の施設を使っていた。三階には六つの事務所と無線室がエージェントのために用意されていた。

この官庁街にある六階建ての建物から、イラン情報機関は、ドイツで暮らす一〇万人のイラン人を監視し、反体制派のメンバーに対して嫌がらせを行い、核兵器、化学兵器、生物兵器の生産に関する情報の入手を試みていた。ドイツ語圏だけでも、約一〇〇社の企業が、こうした機密化学情報の収集に際して、イランの影響下にあった。その他の作戦拠点としては、フランクフルトやハンブルクの領事館、ハンブルクのイマーム・アリ・モスクも含まれていた。このイマーム・アリ・モスクはイスラム世界の外部にある最大のイスラム宗教施設の一つであると言われている。

イランのドイツとの関係、そしてイランとEUとの関係は、一九九二年のベルリンでのミコノス殺人事件に関する裁判で悪化した。一九九二年九月十七日、イランクルド民主党（ＩＫＤＰ）書記長のモハマド・サデグ・サラフカンディ博士、ヨーロッパへの筆頭公使であった、ファタ・アブドリ、ＩＫＤＰの地方支部代表であったホマユーン・アルダラン、それに通訳のヌロラ・モハマドプール・デコルディがベルリンのギリシャ料理店「ミコノス」で暗殺された。この殺人事件は、特別作戦統合委員会によって命令されたものだと信じられている。当時のこの委員会の議長は、最高指導者の一人のサイード・アリ・ハメネイであり、その下にラフサンジャニ元大統領、アリ・アクバル・ベラヤティ元外相、アリ・ファラーヒン元情報公安相、モハンマド・モハメディ・レイシャリ前情報公安相、モセン・ラズィイラン革命防衛隊元総指揮官、レザセイフォライ元共和国警察庁長官、それに最高指導者会議のアヤトラ・ハザリから構成されていた。

ドイツの法廷によれば、イラン政府の上層部が、特別作戦統合委員会を通じて三名のクルド人反体制派と通訳の殺害に関わったとされる。一九九七年四月十日にドイツの法廷で下された判決は、ダラビと彼の共犯者アッバス・ラエルを殺人罪で終身刑、ヨウセフ・アミンは懲役十一年、モハメド・アトリスは懲役五年三か月というものであった。五番目の男、アタラ・アヤドは釈放された。イランの大統領、イランの最高指導者、情報公安相が告発されたが、これらの容疑者のドイツへの引き渡しはイランが拒否した。当時のEU諸国は、すべて外交官を帰国させた。しかし三週間後には大使を元に戻した。イランに対して制裁を科した国はなく、国連安全保障理事会でも、この事件は無視された。そしてイラン政府はミコノス殺人事件への関与を否定している。[28]

この裁判と後に述べるアルゼンチンの事件の捜査の過程で、イランの情報活動の詳細が知られるようになったと言われている。

イラン情報機関は、旧ユーゴ内戦においてもボスニアで積極的な情報収集、西側情報機関に対する防諜活動を行っていたとされる。一九九七年末には二〇〇名以上のイラン人エージェントがボスニアのイスラム教徒の政治サークル、社会サークルのなかに紛れ込んだ。イランはボスニアの情報機関であった調査文書局（the Agency for Investigation and Documentation）の親イラン派と協力していた。イランの情報工作は、訓練プログラムの水準に留まらず、広い範囲のボスニア政府機構に影響を与えることを目的としていた。さらに、クロアチアを経由して、ボスニアに武器密輸を行っていた。[29]

少数派宗教を迫害

イラン革命以降は、少数派の宗教にも弾圧が加えられている。あるプロテスタント牧師の事例を紹介することにしよう。

一九八四年に、プロテスタントの牧師メディ・ディバジは投獄され、宗教裁判所で死刑を宣告される。すると彼の友人のハイク・ホウスピアン・メールを先頭に彼の友人が、少数派の宗教、とくにキリスト教徒が弾圧されていると主張し、ディバジの釈放を求めた。国際的なキャンペーンもあり、彼は恩赦をうけ、釈放された。

しかし、奇妙なことに、ディバジが釈放された三日後に、ホウスピアン・メールが姿を消したのだ。それから数日後に新聞でも牧師の失踪がつたえられるようになった。イスラム人民戦士機構（MEK）は、一九九四年一月二十六日に、牧師への暗殺の脅威を非難し、牧師を救うための国際世論の動員を求める声明を発表した。それから数日後の一九九四年一月三十一日に、イラン政府は、ナイフで切りつけられた痕跡があるホウスピアン・メールの死体が発見されたと発表した。彼の家族は遺体を直接見ることも許されず、急いで埋葬されたのだった。

それからわずか六か月後の七月二日にミカイリアン牧師が暗殺され、七月五日には、メディ・ディバジ牧師の死体が発見されたのだった。

興味深いのはその後の展開である。ファラナス・アナミ、バトゥール・ヴァフィティ、マリアム・シャバズプールという三名の女性の容疑者が、警察によってではなく、情報公安省によって尋問された。彼女らは全員イスラム人民戦士機構（ＭＥＫ）の構成員であり、キリスト教に改宗しようとしていたというのだ。

国営イラン通信によれば、ファラナス・アナミは、七月六日に、シスタン・バルチスタン州の国境を越えようとしているところを逮捕されていた。アナミはその後情報治安省の職員にホテルにまで連行された。そこで、「少数派宗教に属する人物」と会ったというのである。この段階で話は破綻している。どうしてプロテスタントの牧師が、情報公安省に逮捕された女性と面会するというのだろうか。そして改宗を望む人間が、牧師を殺すものだろうか。

この説明にはあまりに難点が多く、情報公安省もすぐに方針を変え、別の説明を翌日提示した。その説明によると三人の女性がミカイリアン牧師を暗殺したというのだ。

彼女らは、内外のジャーナリストを前に、詳細に説明し、記者の質問に答えた。彼女らがテロリスト（ＭＥＫのこと）に属していたこと、ミカイリアン牧師の暗殺のこと、ディバジ牧師を埋葬する場所を探したこと、他のプロテスタントの牧師暗殺のために偵察を行っていたこと、マスーメの霊廟とホメイニの霊廟に爆弾テロを行う予定であったことを詳細に説明した。そのうえ、記者たちには彼女らが逮捕されたときに持参していた武器や爆弾が示された。

実は、二人の牧師が殺害される少し前の一九九四年六月二十日に、マシャードの町にあるレザ廟で爆弾テロが生じていた。最高指導者のハメネイはすぐに捜査を命じ、情報公安省もそれに従っていた。彼女らはこの事件の犯人でもあったと情報公安省から判断されていた。この三人の記者会見は、これらの事件をすべて解決する「説明」だったのだ。

イラン当局は、この事件をＭＥＫの危険性を主張するための絶好の機会と考え、国際社会に訴えた。しかし、ちょうどその頃ナポリで開催されていた先進国首脳会談において、イランに「テロの点での不正確な態度を改める」ことを求める声明が発表されたのだった。

なかでも英国議会の人権委員会のグループが一九九四年六月・七月の事件を調査した。その結果、次のような調査結果が公表された。

「ミカイリアン牧師の殺害は、別の宗教関係者との関わりのなかで考察されるべきである。これらの殺害に共通しているのは、体制と衝突していたことだ。殺害されたものの一定数は、すでに投獄されるか恫喝された経験があった。ミカイリアン牧師殺害の責任をＭＥＫに帰するのは、イランの体制の利害にかなったことだ。イランの内外ですでに何度も暗殺の対象となっている組織が、すべての少数派宗教に対して襲撃を起こすようにそそのかされ、イラン国内で牧師への襲撃が行われたということをどうして信じられるのか。テヘランがでっち上げた奇想天外な物語を我々に信じろというのは、我々の知性に対する侮辱である」

国連でも、一九九六年二月にモロッコ大使のアブデルファタ・アムールが報告書を提出している。そのなかで彼は「明らかに、イラン政府はプロテスタントの牧師を暗殺し、その責任をＭＥＫに転嫁しようとしていた。イラン政府は一方で、海外でのＭＥＫのイメージを悪化させ、その一方で、イラン人がキリスト教に改宗するのを抑止するために、イランのプロテスタント社会を壊滅させようとした」と、イラン政府を糾弾している。

後日、イラン議会の副議長ベザード・ナバビは、一九九八年にイランの雑誌のなかで「レザ廟での爆破事件は別の話だ。それを私はここで話したくはない。物語は提示されているものとはまったく異なるのだ」とほのめかしている。しかし、さらに説明を求められると「私は外科手術をうけることになる。私は投獄されたくない」といってそれ以上の説明を拒んだ[30]。最高指導者の無謬を前提とする社会では、真相があきらかになることはないのだろう。しかし、イラン議会副議長以外にも、少しずつ、事件の真相を漏らす政府関係者が増えており、イラン国内での改革派と保守派の間での抗争の存在をうかがわせている。

いまだ未解決のアルゼンチンにおける対ユダヤ人テロ事件

秘密に包まれた情報公安省であるが、その活動の概要の一部が暴露されたのはあるテロ事件がきっかけであった。一九九四年七月十八日、ブエノスアイレスにあった在アルゼンチンイスラエル相互援助協会の建物に爆弾テロが仕掛けられたのである。アルゼンチンは、おおよそ二〇万人とユダヤ人が多数居住する国であった[31]。この爆弾テロの結果、八五名が死亡し、約三〇〇名が負傷したとされる。この事件はアルゼンチンでも最大のテロ事件であったことは言うまでもない。

しかしながら、実に奇妙なことに、当時のアルゼンチンのカルロス・メネム大統領は動こうとはしなかった。その理由として指摘されているのがメネム大統領の出自である。彼は、シリア移民のムスリムの家庭に育った。彼は、最初はイスラム教徒だったのだが、政治的便宜のためにカトリックに改宗していたのだ。動機はどうあれ、メネム大統領はそれから九年間動かなかった。

この沈黙に対して敢然と立ち上がったのが、ファン・ホセ・ガレアノ検事と、メネム大統領の四代後のネストル・キルチネル大統領であった。実際のところガレアノ検事は、事件直後に調書を作成していたのだが、彼の熱意は、当時のメネム大統領によって抑制され、アルゼンチン情報部も、アーカイブの情報を提供することを拒否したのだった。

二〇〇三年にキルチネル大統領が就任すると、ガレアノ検事に、事件の再調査を命じた。それから二か月後四名のイラン人が国外追放処分を受けた。そのうちの二人は元ブエノスアイレス駐在大使であったハリ・ソレイマニプールと、文化担当官のモーセン・ラバーニであった。

大統領の指示は明白であった。キルチネル大統領は、あえてユダヤ人社会の肩を持つことも厭《いと》わなかった。そして、アルゼンチン情報部に対して、ガレアノ検事に情報を提供するように命じたのである。アルゼンチン当局は、国外でも調査を行い、フランスの国土監視局（ＤＳＴ）にも情報公安省の活動の概要に関する情報を提供した。

キルチネル大統領の積極姿勢もあり、アルゼンチンは、英国政府から、ソレイマニプール逮捕の許可を手に入れた。当時ソレイマニプールは外交官ではなく、英国の大学で博士論文を作成している最中であった。もはや外交官ではなかったために、逮捕が可能となったのである。

しかし、この逮捕はロンドンvsテヘラン、テヘランvsブエノスアイレスの間の力比べであった。

最初に問題となったのが、法的地位の問題である。事件が起きた当時は外交特権によってカバーされていたことは疑いがない。もはや外交官としての地位を失った段階で起訴することは可能なのだろうか。英国側の判断では、「できない」というものだった。しかし、これはチリのピノチェト大統領のケースとは正反対の判断であった。なぜなら、英国政府は、病気療養のために一九九八年に英国に渡ったピノチェトを、スペインの司法当局の要請を受ける形で、拘束、逮捕したからである。

次に問題になったのは、より根本的なものであった。それは、七月十八日の惨劇の真のスポンサーは、はたして誰だったのかという問題であった。

テヘランでは、すべての関与が否定された。そして、レバノンのヒズボラ首謀説が唱えられた。情報公安省の犯罪を否定したいものはすべてこの説を採用した。しかし、少し考えればおかしな話である。ヒズボラは、ロケットの発射を除けば、レバノンの国外では、暴力活動は行っていない。また、ヒズボラは、情報公安省のように、テロ攻撃に必要な物資を蓄え、会合を開くための大使館はもっていないからだ。

結局のところ、事件は未解決のまま残された。しかし、この事件の影響は現在にも及んでいる。ガレアノ検事のお陰で、情報公安省に関する情報がさらに集まったためである。[32]

第六節　二〇〇〇年代

アメリカのイラン包囲網との暗闘

実際のところ、二〇〇〇年代に入ると、八〇年代や、九〇年代に見られたような派手な暗殺工作はあまり見られなくなる。二〇〇一年九月十一日のアメリカ同時多発テロ事件以降、時のジョージ・W・ブッシュ政権が世界に対して「テロに対する戦い」を宣言し、テロの実行組織であるアルカイダとその指導者ビン・ラーディンの壊滅を目指して、まずアフガニスタン、そして二〇〇三年以降はその延長線上でイラク戦を開始する。戦争にはやるアメリカを正面から敵に回したくはないという意向がイランの指導部のなかにあったと考えられる。

しかし、アメリカはイランに対しても警戒を怠らなかった。ジョージ・W・ブッシュ大統領の「悪の枢軸」発言は、イラン、イラク、北朝鮮という国家を「ならず者国家（rogue state）」として断罪するものであった。二〇〇五年には、イラン政策委員会が、アメリカ政府に適切なイラン政策を提言する圧力団体として発足した。さらに、二〇〇六年に成立した「イラン自由支援法（Iran Freedom and Support Act）」は、大統領がイランの反体制派に年間一〇〇〇万ドル援助することを可能にするものであった。ブッシュ政権の元で、イランに対する包囲網ができはじめていた。

これに対してイランは、亡命イラン人の反体制派組織であるイスラム人民戦士機構（ＭＥＫ）への浸透工作と、ＭＥＫに競合する偽の反体制組織の樹立によって対応しようとした。そして、圧力団体であるイラン政策委員会そのものに、エージェントの浸透が見られたのだ。

カリム・ハギという人物が、オランダを経由して、アメリカにまでたどり着く。彼はＭＥＫの長年にわたるメンバーという触れ込みで、イラン政策委員会に接近する。しかし、イラン政策委員会が独自に入手した情報により、ハギは、「スパイテロ活動のために、イランの体制に利用されている人物であって、もう十年以上もイランの反体制派に不利な偽情報を拡散してきた人物である」ことがあきらかになった。実際、ハギは、すでに情報公安省により買収されており、ヨーロッパではイランのケースオフィサーと関係を持っていた。自分の振る舞いから疑われないように、イラン側のケースオフィサーとは、ヨーロッパ外部、特にシンガポールなどの東南アジアの都市で連絡を取っていた。

それ以外にもカナダからやってきたアミル・ホサイン・コルド・ロスタミと、マスーメ・ハジという人物に関して、「カナダとヨーロッパのイランのエージェントのネットワークと積極的に関わっていた」ことをイラン政策委員会は特定していた。とくにロスタミは、以前革命防衛隊に所属し、ＭＥＫに対する弾圧に参加していた。こうした経歴が暴露されると、ロスタミはカナダに戻り、イランの文化施設の図書館での職がイラン政府から提供された。

こうした経緯から、イラン政策委員会は以上の三名のアメリカへの入国禁止を米国務省に求めた。イラン政策委員会の副委員長であるブルース・マッコームも「海外でのイラン反体制派への襲撃の多様化は、アフマディネジャド政権によって率いられる世界規模の行動計画の一端をなす。一般に、情報公安省によって行われる情報活動には、エージェントによる暗殺工作がつきものなのだ」と述べている。[33]

また、NGO組織への浸透も著しい。その実例として、ヒューマン・ライツ・ウオッチというNGOへの浸透工作が挙げられる。当初、この団体は「イラン自由支援法」の成立を後押ししていた。

これに対してイランは反撃を試みる。ヒューマン・ライツ・ウオッチ諮問委員会中東担当のゲイリー・シックは、「湾岸2000」というメーリングリストを用いて、二十八頁にもわたる元MEKのメンバーマスード・コダバンデの証言を拡散させた。それは、MEKは人間を拷問し、監禁しているという内容であった。それ以外にも、マスードは誤った情報をこのメーリングリストで送りつづけていたのである。[34]

このマスード・コダバンデの話にはつづきがある。彼にはアン・シングルトンという英国人の妻がいた。彼女は一九八〇年代MEKのために働いていた。一九九六年にマスード・コダバンデはMEKを脱退し、その後アン・シングルトンと結婚した。彼らの結婚直後から、情報公安省は、テヘランの彼の母親の財産を没収すると脅してきた。そのために、シングルトンとマスード・コダバンデは情報公安省のエージェントになることを了承した。二〇〇二年にシングルトンはテヘランで情報公安省のエージェントと面会した。マスード・コダバンデには兄のエブラヒムがいた。MEKの積極的な活動家であったエブラヒムがシリアで拘束され、イランの監獄に収監されていたのだ。

彼女は、この義理の兄の命を救うために、テヘランでエージェントとしての訓練を受け、英国に帰国後、イランインターリンクというインターネットサイトを開設した。二〇〇四年にシングルトンはエブラヒムとイランの監獄で再開を果たした。最終的にエブラヒムも情報公安省のエージェントとして引き込まれてしまったのである。

実はアフマディネジャド以降、情報公安省は、外国人エージェントの雇用に積極的に動いている。情報公安省の潤沢な予算が、イラクやアフガニスタンで聖戦士をリクルートするために用いられるだけでなく、外国人のスパイや偽情報拡散のためのエージェント確保のためにも用いられている。外国人のリクルートの方法は、イラン人をエージェントにするときと同じだ。情報公安省は、潜在的なエージェントをまず特定し、それから彼らに接近する。もしその対象がエージェントになることに前向きであれば、それぞれの国のイラン大使館から彼らに接触し、セミナーなどを口実としたイラン訪問に向けて非公式の面談を行う。候補者がイランに到着すると、情報公安省もしくはクッズ軍が、彼らのエージェントとしての能力を調査する。協力することに同意した候補者は、テヘランもしくはゴム周辺の基地に送られ訓練を受ける。情報公安省がリクルートする外国人エージェントは、主にイスラム諸国出身である。特に、イラク、レバノン、それにシーア派諸国が多い。情報公安省は外国人エージェント確保のための施設をペルシャ湾岸諸国、イエメン、スーダン、レバノン、パレスチナ、ヨーロッパ、東南アジア、それに南米に持っている。[35]

イラク戦争とクッズ軍のイラク工作

二〇〇三年のイラク戦の開始以降、イラン革命防衛隊のクッズ軍もその戦略を大きく変更することになった。開戦以来二か月で、米軍はサダム・フセインを権力の座から引きずり下ろし、バース党政権を崩壊させた。あまりに上首尾に終わった作戦を眼にしたアメリカの政治家は、体制変革は、他の場所にも適用できると考えた。たとえばイランにおいてである。

革命防衛隊とイランの聖職者は、サダム・フセインと同じ誤りを犯す気はなかった。そうした運命を回避するために、クッズ軍は情報士官と資金をイラクに投入した。クッズ軍の戦略変更により、アメリカは数百名の犠牲者と追加の出費を余儀なくされた。そして、アメリカの有権者のなかに戦争疲れを生み、イラク戦への支持を減少させた。その結果、アメリカのイランに関する選択肢はせばめられてしまったのだ。

とはいえ、革命防衛隊のイラクでの活動は、二〇〇三年のイラク戦と同時に始まったわけではない。革命防衛隊は、フセイン政権の元で抑圧されていたシーア派抵抗組織を支援していた。イラクのシーア派抵抗組織の一つであるイラクイスラム最高会議（Islamic Supreme Council of Iraq：ＩＳＣＩ）は、イランで結成された。革命防衛隊はＩＳＣＩの民兵組織として、バドル軍を創設した。これには、イランのプロクシ（代理）軍としての狙いがあった。革命防衛軍は、その他にも、マフディ軍、ダアワ党といった組織にも資金と助言を提供していた。

革命防衛隊のイラクでの活動は、公然と行われていた。イランの高位聖職者らは、すぐに、イラクで米軍を攻撃するという戦略を自ら実行に移した。あるイラク軍の将軍は、フセイン体制崩壊後に、米軍に取り調べを受け、次のように語っている。曰く、二〇〇三年五月に、イランの最高指導者であるアリ・ハメネイが、イラクからの使節団と面会している。そのなかにはさまざまなイラクの部族の代表者、解雇されたばかりの軍の士官も含まれていた。軍人の使節団には、イラクのスンニ派やシーア派が含まれていた。しかし、ハメネイが注目したのは、以前イランに対抗したスンニ派の士官と、イラクで活動していたそのプロクシグループであった。ハメネイは彼らに資金を提供し、米軍に対する武装闘争を組織させた。イラク侵攻後の米軍に対して、武装闘争を生み出すために「膨大な金額」が投入されたのである。

　イランのイラクに対する政策は、イランイラク戦争の苦い記憶によって突き動かされていた。スンニ派の独裁政権がイラクに成立し、イランに脅威を与えることこそ、革命防衛隊が恐れていたことであった。アメリカがイラク戦を開始して以降二年間の間、イランは、主にクッズ軍を通して、イランイラク戦争に従軍したイラク軍幹部将校やイラク空軍パイロットを暗殺した。これらの暗殺は、イランイラク戦争の際の膨大な人命の損耗に対する報復であり、将来のイラク軍を無力化する努力であった。二〇一〇年になっても、イランは元イラク軍幹部の六〇〇名からなる暗殺対象のリストを流通させていた[36]。

　ライアン・C・クロッカーはイラン政策の専門家である。彼は一九八三年のベイルート米大使館爆破事件で負傷し、後に二〇〇七年から二〇〇九年にかけてイラク大使を務めた。クロッカーの観察によれば、革命防衛隊のイラク戦略は「我々（アメリカ）を攪乱することにある。しかし、それと同時にイラクでの戦略目標を実現しようともしている」のである。アメリカのイラクにおける影響力を低減させることに加えて、イランはイラク政府を従順な状態にとどめようとしているというのだ。すなわち、イラク政府を常にバランスのとれない不安定な状態にしておき、イラク政府がイランに悪い状態を止めるように懇願することはあっても、イラク政府自身が悪い状態を停止する能力を持てないようにするということである。そうすれば、イラクはイランを再び攻撃できないというわけだ。

外交政策の道具として以上に、クッズ軍はイランのイラク政策に関わってきた。クッズ軍の副官であるアフメト・フォルザンデは、イラクでのクッズ軍の作戦を担当するラマザン隊の司令官も兼任している。また、イラン国内にあるクッズ軍の四つの基地も、イラクでのクッズ軍の活動への支援を行っている。

ヒズボラの場合は、クッズ軍と比較しても実戦経験が豊富であり、イラクにおける革命防衛隊の活動では訓練の教官として協力している。レバノンのアラブ系シーア派教徒であるヒズボラの戦士たちは、アラブ語やイラクのシーア派の文化を共有している。訓練のいくつかはレバノンのヒズボラによって実施されている。イラク人は、イラン人による訓練よりも、ヒズボラの訓練を好んでいる。というのも、ヒズボラの方が、訓練生に対する待遇が良いためである。二〇〇六年までに、ヒズボラは、ナシリア、バスラ、サフワンに事務所を開設していた。

クッズ軍のもう一つの武器が、イラクの政治家への工作である。ある米軍の情報将校は次のように語っている。「イランはすべての馬に賭ける」つまり、イランは、イラクやアフガニスタン、それにレバノンの政府の内部に影響力を拡大しようと試みる。しかし、その保険として、政府の外部のプレイヤーにも、たとえ政府に敵対的な派閥であっても、支援を怠らないのだ。もし、政府がイランの好む政策の実行を拒否したとしても、クッズ軍は政府勢力に対して喜んで暴力を行使する民兵を利用する選択肢が残されているのだ。さまざまな主張を持つグループを支援することで、近隣諸国の政府を不安定な状態にとどめ、イランを脅かすことがないようにしているのである。[37]

シーア派民兵が米国に与えた衝撃

クッズ軍がイランのイラク政策の道具として暴力を使用するとき、クッズ軍は、シーア派の民兵を用いる。しかも、イラクイスラム最高会議（ＩＳＣＩ）や、ダアワ党、ムクタダ・アル・サドルの組織のような比較的大規模な組織は用いない。イラクのクッズ軍に使用されているのは、ムクタダ・アル・サドルの組織から分裂し、カイス・アル・ハザリ（Qais al-Khazali）に率いられるアサイブ・アル・アル・ハク（Asaibu Ahl al-Haq）である。

アル・ハザリによって運営されているこの組織は、当初ただ単にハザリグループとして知られていた。そして、このようなクッズ軍のプロクシに対して、米軍士官は、遠回しに、「秘密細胞」「特殊グループ」と呼んでいた。カイス・アル・ハザリは、神学者アブ・ムハンマド・アル・サドル（Abu Muhammad al-Sadr）の熱心な信奉者であった。彼は、アル・サドルの義理の息子にしてマフディ軍の指導者となっていたムクタダ・アル・サドルの元に赴き、彼のスポークスマンとなった。ハザリグループは二〇〇七年に攻撃を仕掛けたが、それはアメリカがクッズ軍に対応する点で転換点となる出来事であった。それがカルバラ（Karbala）の戦闘である。カルバラの地方統合調整センターへの攻撃は、クッズ軍の典型的な作戦であった。すなわち、正確な情報に基づいて、十分にリハーサルを重ね、成功させるということだ。

この作戦を立案したのは、クッズ軍の士官であるアブドゥル・レザ・シャライ（Abdul Reza Shahlai）であった。ハザリは、地方統合調整センターを模してイラン国内に建設された模造キャンプへの攻撃演習を繰り返した。一九八三年のレバノンの米海兵隊兵舎爆破事件を襲撃した自爆テロの運転手と同様にである。

二〇〇七年一月二十日の午後七時十分。約一二名の米軍兵士の制服を着用したテロリストが、米軍で使用されているものに似通った五台のシボレー・サバーバンに分乗して、地方統合調整センターの検問所にやってきた。米軍のM4ライフルとスタングレネードで武装したハザリの部下は一名の米軍兵士を殺し、残りの四名の米軍兵士を拉致した。イラクのスワットチームの警官が彼らを追跡すると、テロリストはまもなく捕らえられると悟り、手錠をかけられた四名の米軍兵士を銃撃し、三名がその場で死亡し、残る一名もそのときの負傷が原因で後になくなった。

その後、二か月後に英軍SASのコマンド部隊によるバスラ襲撃でヒズボラ幹部であるアリ・ムサ・ダクドゥク（Ali Musa Daqduq）とともに彼らは捕らえられた。尋問の結果、テロリストらはクッズ軍による支援を自白した。ダクドゥクは後にカルバラ襲撃の計画を支援したと自白したが、クッズ軍が展開していた狙撃者ネットワークの鍵となる人物であった。さらに、彼は、イラクで活動するシーア派民兵の狙撃訓練をイラン国内で手配していただけでなく、彼らに資金や物資を提供していたのだ。

ハザリグループによる米軍兵士襲撃事件は、アメリカの軍士官や外交官に衝撃を与えたようだ。その後米当局は、以前にも増してイラクにおける革命防衛隊の行動を声高に指摘し始めたからである。[38]

イランによる武器密輸の実態

クッズ軍の活動としては、イラクに対する武器の密輸も挙げることができる。すでにサダム・フセイン時代から、クッズ軍に支援されたシーア派民兵組織であったバドル軍は、サダム・フセインに抵抗活動を展開していた。サダム・フセイン体制下の情報レポートには、バドル軍による包括的な密輸活動はクッズ軍によって支援されていたと記している。イラク当局の見積もりによれば、クッズ軍は二〇〇一年までにバドル軍に対しては少なくとも年間二〇〇〇万ドルの支援を行っていたとされる。

革命防衛隊が提供した武器は、ライフルや自動車、榴弾砲だけではない。それ以外にも「粘着手榴弾」がある。これは車の下や側面に強力な磁石で取り付けることのできる爆発物である。狙撃兵に対しては、大口径ライフルを支給し、訓練も施している。

しかし、クッズ軍がプロクシ組織に提供した武器のうち、もっとも恐ろしいものが、自己鍛造弾(explosively formed projectile: ＥＦＰ)である。ＥＦＰは、マッハ6で飛行し、装甲車の装甲を突き破り、中の人員を殺傷するものだ。道路脇に置かれた爆弾よりもはるかに攻撃力で優るのである。[39]

実は、ＥＦＰが最初に用いられたのは、一九九〇年代後半のレバノンにおいてであった。レバノン・ヒズボラがイスラエルの装甲車に用いたのである。ＥＦＰの製造には、特殊な製造設備が必要であり、それはイラクには存在しなかった。その設備はイランの首都テヘランから東北の方角にある武器工場にあった。その工場一帯は革命防衛隊によって管理されていた。[40]

ＥＦＰに加えて革命防衛隊は、ＥＦＰの起爆装置として赤外線センサーも供給している。携帯電話や無線による起爆を警戒して米軍は、妨害電波を発生させていたが、赤外線センサーを止めることはできない。そのために、ＥＦＰが標的をはずすことはほとんどなかった。イラクで発見された赤外線センサーの製造元を辿ると、台湾や日本のメーカーからイランが大量に輸入したものの一部であった。米軍は、すでに二〇〇五年に革命防衛隊に連なるネットワークにＥＦＰが供給されていることを把握していた。そのためにアメリカ政府は二〇〇五年七月にイランに外交ルートで抗議している。少なくとも一人の連合軍兵士が、革命防衛隊もしくはヒズボラがシーア派民兵に提供したＥＦＰによって死亡したと主張したのだ。それに対してイランはＥＦＰへの関与を否定している。[41]

結局のところ、イランは、一九八〇年代にレバノン・ヒズボラに対して用いた戦術を、イラクでも用いていたのだ。それは、訓練と装備は提供するが、攻撃には参加しないという戦術である。

ＥＦＰの使用に際しては、基本的な訓練はイラク国内で行われたが、より進んだ内容の訓練はイラン国内で実施されていた。鹵獲《ろかく》された文書や捕虜の尋問によって明らかになったのは、訓練を受ける民兵のメンバーがタクシーやバスを使ってイラク国内に輸送される秘密のネットワークが存在していたということであった。彼らは国境の町メーランのセーフハウスに連れて行かれる。その翌日には空港に連れて行かれ、そこでテヘラン行きのチケットが手渡されるのだ。この訓練に関しては、レバノン人が協力していた。二〇〇八年の最盛期で、四〇名から六〇名のレバノン人が訓練キャンプで、ＥＦＰの授業を行っていた。その訓練施設は、テヘラン、アフヴァーズ、エラム、それにゴムの四か所に設置されていた。[42]

クッズ軍はアフガニスタンへも関与していた

イラク戦と同様に、アメリカのアフガニスタンでのタリバンとの戦いにもイランの影を認めることができる。アフガニスタンのタリバンは、スンニ派に属し、長年にわたって敵対関係が続いていた。そのタリバンがアメリカの初期の作戦により弱体化した。アフガニスタンでは、タリバンは追放され、都市からタリバンを支持する地方に流出していった。

その次に生じた変化はイラクと似ている。アメリカが軍を駐留させたのだ。イラクの場合とは違い、アフガニスタンへの米軍駐留部隊はイランには大きな脅威とはならなかった。というのも、アフガニスタンを基盤にしてイランに攻撃を加える可能性は低かったからだ。しかし、イランの近隣に駐在する米軍は、革命防衛隊にとっては絶好の攻撃目標であり、米軍のこの地域での活動は妨げられた。

アフガニスタンにおける米軍が障害に突き当たると、クッズ軍は、それをアフガニスタンにおけるイランの影響力を拡大するチャンスと捉えた。アフガニスタンの内部で米軍や他のＮＡＴＯの軍と戦う勢力に支援を行うことで、クッズ軍は、アメリカ人に犠牲をもたらし、タリバンが支配する地域とイランの間の緩衝地帯の住民と関係を築くことに成功したのだ。

二〇〇二年初頭の段階では、米軍は対タリバン戦を有利に進めていた。そのとき、クッズ軍と情報公安省のエージェントがアフガニスタンに潜入し、成立しつつあったアフガニスタンの暫定政権を不安定化させるために活動した。クッズ軍は、ハミド・カルザイ大統領が率いる政府に反対するイスラム戦士を武装し、彼らに資金を提供した。

アフガニスタンでも、クッズ軍は「すべての馬に賭ける」戦略を追求した。二〇〇九年六月から二〇一〇年六月までアフガニスタンの米軍とNATO軍の総司令官を務めたスタンレー・マクリスタル将軍は、イランが、カルザイ体制の合法的な支持者として、カルザイ政権に資金や教育支援を提供する一方で、NATO軍やカルザイ政権軍と戦う叛乱分子を訓練することで、アフガン政府の反対勢力を生みだしていることに気がついていた。マクリスタルによれば、タリバンは歴史的に対立している二つの組織、つまりパキスタンの軍統合情報部（ISI）とイランのクッズ軍の双方から援助を受けていた。国防総省が米議会に提出した報告書には、クッズ軍が反乱軍に107ミリロケット砲やイラン製の武器を提供していることが記されている。その武器のなかには、数こそ少ないものの先に挙げたEFPや、イランから提供されたロシア製携帯式対空ミサイルSA14も含まれていた[43]。これまでは、レバノン・ヒズボラ、ハマス、イラクのシーア派といったイランの息の掛かった組織にのみ供給されていたことを考えると、このことは注目に値する。つまり、アメリカに被害を与えるという政治目的のためであれば、シーア派とスンニ派の対立すらもイランは問題にしないことがわかる良い例だからだ。

ロシアSVR、アルカイダとの協力関係

情報公安省の他の情報機関との協力関係という点では、ロシアのSVR（対外情報庁）との関係が

挙げられる。この二つの情報機関は、原則上の相違やイランとロシアの複雑な歴史的経緯にもかかわらず、一九九〇年代には協力関係を維持してきた。その目的は、中央アジアにおけるアメリカの政治的影響力を限定するということに留まらず、予想される民族紛争を相互に抑制することにあった。SVRは、数百名のイラン人エージェントを訓練しただけでなく、多くのロシア人エージェントがイラン情報機関の通信施設設置に協力している。しかし、現在のところ、イランとロシアの関係が継続しているかどうかはあきらかではない[44]。

それに加えて、イランは、アルカイダとも協力関係にあった。とはいえ、シーア派イスラム教を奉じるイランとスンニ派のアルカイダではイデオロギー上の相違も大きく、両者の安定した協力関係は望めなかった。

イランとアルカイダの協力は、主にイラクとアフガニスタンでのアメリカの覇権への抵抗という共通の反対姿勢に基盤をおいており、一九九〇年代にまでさかのぼることができる。この協力関係は、二〇〇一年のアメリカ同時多発テロ事件以降も継続していた。その協力関係に基づいて、アルカイダのメンバーはアフガニスタンからイランに入国した。アルカイダが多くの国で活動を展開していたので、イランは近隣諸国からアメリカの注意をそらすことに成功した。その代わりに、アルカイダはイランをアルカイダの幹部と地方の協力者とが連絡を取る場所として用いた。一九九五年から一九九六年にかけて、ビン・ラーディンはイランの情報公安省に接近し、米国に対する共同戦線を持ちかけている。ケニヤとタンザニアのアメリカ大使館爆破事件に関して調査しているアメリカの調査官が入手したビン・ラーディンとその部下の通話記録によれば、電話の一〇%がイラン国内との通話であった。当時の幹部であったセイフ・アル・アデルが、アルカイダとイランの情報公安省や革命防衛隊との連絡業務を担当していた[45]。

実は、イランはアメリカに対して、イランの反体制派MEKを外国テロリストのリストに入れることと引き替えに、アルカイダをアメリカに差し出そうとする計画があった。しかし、この取引は失敗した。それはアデルがサウジアラビアのアルカイダの細胞に連絡を取っていたためであった。

この取引が失敗した後、アルカイダのイラン支部は、イランによるイラクでの組織作りに協力した。イラクのアルカイダの創設者であったアブ・ムサブ・アル・ザルカウィは、二〇〇一年以降もアデルと何度も会合を持っている[46]。少なくとも同時多発テロ直後までは比較的良好な関係が保たれていたと考えられる。

利益となればスンニ派とも組み、過激派を裏で操るイラン情報機関

最後に、イラン情報機関の特徴を振り返ってみよう。第一の特徴としてあげられるのは、宗教上の最高指導者を頂点とするヴェラーヤテ・ファギーフ（イスラム法学者が指導・監督する体制）を維持する強力な武器として情報公安省、革命防衛隊などが用いられているということだろう。そこには西側諸国によく見られるような情報収集、分析、政策といったインテリジェンスサイクルの影は薄く、ひたすら暗殺、拉致、テロ、もしくはテロリストへの支援といった荒事に占められているように見える。

ただ、二〇〇〇年前後から、イランが直接関与するテロなどは減少しているように見える。それ

は二〇〇一年以降、アメリカが「テロとの戦い」を旗印に、中東で大規模な軍事作戦を展開したためだ。しかし、その背後で、イラク国内にＥＦＰを密輸するなどして背後から米軍を苦しめていた。そして、気がつけば、イランにとって有利な地政学的状況が現出しているのだから、イランのインテリジェンスは決して侮ることはできないと言える。

第二の特徴を挙げるとすれば、その柔軟性にある。確かにイランはシーア派イスラム教を奉じる国ではあるが、スンニ派勢力とも、戦略上有利とみれば、適宜手を結んでいる。なにより、イランイラク戦争に際してはイスラエルから武器を輸入し、アメリカともイランコントラ事件で武器を輸入している。中東の情勢を分析するうえでは、スンニ派vsシーア派という対抗軸を考慮に入れることは欠かせないが、しかし、宗派対立のみから中東情勢を分析することもできないのである。アルカイダとの協力関係がその良い例であろう。

第三の特徴としては、過激派を背後から操るその手法にある。その典型例がレバノン・ヒズボラである。また、イラクやアフガニスタンのさまざまな集団に対しても「すべての馬に賭ける」という戦略は、イランの立場を相対的に強化している。隣国で誰が政治的に力をつけても、イランの影響下におかれるためだ。

それにしても、イランとそのプロクシであるヒズボラが、中東だけでなく、世界中で大規模なテロ活動を繰り広げたことによって、スンニ派の過激派が刺激されたことは否定できない。掲げる思想こそ異なるものの、イスラム過激派の活動の重点が、異教徒の殺戮に移行したように見えるからだ。

第四章　サウジの「エージェント」だったビン・ラーディン

ビン・ラーディン暗殺から早いもので五年がたとうとしている。しかし、この謎に満ちた人物とその人物が生み出したアルカイダという組織に関しては、その実情がまだ十分に知られているとは言いがたい。

ここでは、改めて、ビン・ラーディンという人物の実像に光を当て、彼がなにに突き動かされていたのかを紹介することとしたい。

第一節　ビン・ラーディンとは何者だったのか

サウジアラビアの裕福な家庭で育ったビン・ラーディン

オサマ・ビン・ラーディンは、一九五七年の夏に、ムハンマド・ビン・ラーディンの息子として生まれた、二五人の息子と、三〇人の娘の中で、一七人目の息子であった。彼が十歳のときに、父のムハンマドが事故で亡くなる。サウジのサウド家とも関係が深かったムハンマドが残したビン・ラーディン建設とその関連企業は親族によって受け継がれた。高校の留学先であったベイルートでは、オサマは、未成年であるにもかかわらず高級クラブに入り浸るなど放蕩を繰り返した。しかし、その放蕩も七五年に始まったレバノン内戦によって突如終わりを迎える。ビン・ラーディンの親族らはその後のオサマの留学を許可せず、彼は、そのままサウジ国内のキング・アブドルアジーズ大学でイスラム経済を学んだ。オサマがイスラム教に再び深く帰依したのはそのときである。兄のサーレムとメッカへの巡礼（ハッジ）に出かけたのがきっかけであった。[1]

オサマの改心を喜んだ親族は、大学卒業後オサマに一族の企業でのポストを与えた。オサマは後に「父親の会社でまず道路工事に配属されました」と述べているが、その後、単なる道路工事よりはるかに責任の重い部署へと移された。彼の改心を喜んだ親族は、彼について抱いていた意見の相違をひとまず留保し、彼を再び一族の一員として受け入れた。オサマは、上級管理職レベルの待遇を与えられ、異なったさまざまな部門の意思決定に参加し、契約の条件を交渉したりプロジェクトを監督した。そればかりか、彼は、商業の天賦の才に恵まれているのではないかと思われたほどであった。大いに喜んだ彼の兄弟たちは、生まれ変わったオサマの能力をもってすれば、単なる親族重用主義からではなく、瞬く間に重役に昇進するに違いないと信じていた。[2]

サウジアラビアの王室であるサウド家ともゆかりが深いビン・ラーディングループで働くオサマは、いわばエリートサラリーマンであった。しかし、それ以上に彼は熱心なイスラム教徒だったのである。

イラン革命の衝撃がサウジを聖戦へ向かわせた

オサマが、一九七九年十二月二十日のソビエト軍のアフガニスタン侵攻のニュースを聞くと、アフガニスタンでの「聖戦」への協力を決意するのに時間は掛からなかった。[3]

オサマの親族は、オサマの決意を一様に歓迎した。サウジアラビアを出発する前、オサマは、一族の年長者グループから呼び出された。彼の叔父アブドッラー・アッワード・ビン・ラーディンは、支援を申し出て、「神かけて言うが、オサマ、お前を支えるのはわしらの務めじゃ。この高貴なる大義のために必要なものがあれば、それがなんであろうとも、それを求めよ。一切躊躇《ちゅうちょ》してはならんぞ」と彼を励ました。今ではその多くが「ビン・ラーディン建設」で上級職を占めている彼の兄弟たちも、アブドッラーの言葉に和して口々にオサマを励まし、必要なものが確認でき次第自分たちに連絡を取るように求めた。[4]つまり、オサマは、単独で行動したわけではなく、一族の期待を一身に背負ってアフガニスタンに乗り込んだのである。

ここでサウジアラビアがアフガニスタンでの聖戦を積極的に推進するに到った理由について考えておこう。サウジアラビアは、メッカとメディナというイスラム教の二大聖地を擁し、ワッハーブ派という原理主義的なイスラム教スンニ派が深く信仰されている国家である。全世界に広がるイスラム教国のなかでも、サウジこそがイスラム教の中心なのだという意識も強烈なのだ。

しかし、七九年にはイランでイスラム革命が勃発した。そこために、従来は影の薄かったイランのシーア派の存在感がこれまでになく増大していた。イランの反米プロパガンダを前に、サウジア

サウジアラビアの地図

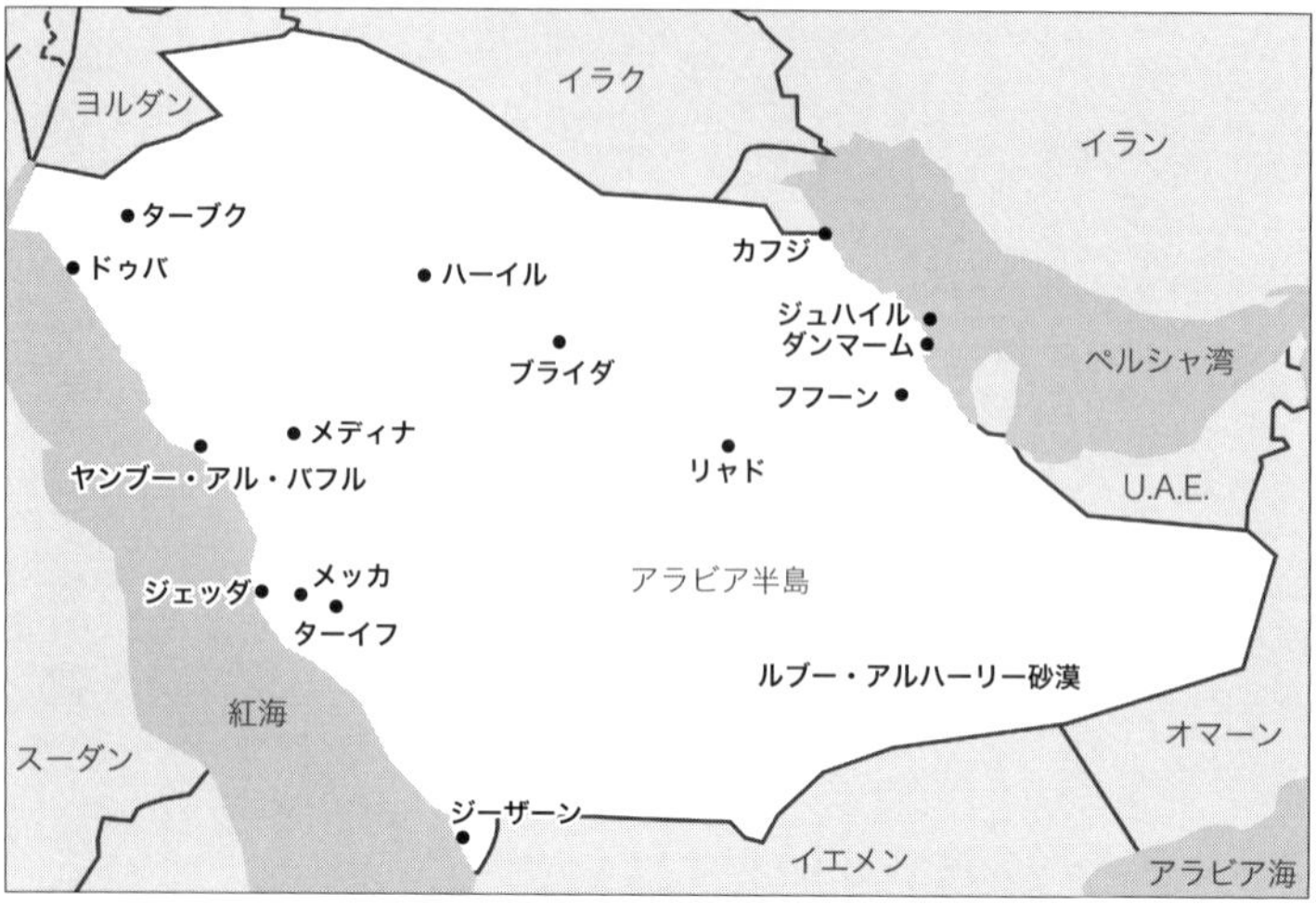

ラビアはアメリカの同盟国として劣勢に立たされることになったのだ。

実際、サウジアラビア国内でも、イラン・イスラム革命の情熱は伝染していた。一九七九年十一月、狂信的なイスラム教徒に率いられた反逆者数百名がメッカの大モスクに立てこもるという事件が勃発した。反逆者のなかには、多数のサウジアラビア人も含まれていた。彼らは、信者たちに、サウド家を転覆させ、西洋国家とのあらゆる妥協を断罪するように求めた。イスラム教に改宗したわずか数名のフランス人兵士によってこの騒動は鎮圧されたものの、数百名の死傷者を出した。

この惨劇の後、サウジアラビアの体制を攻撃するようになったのがリビアのカダフィ大佐であった。「イスラム教が辱《はずかし》められ、イスラム教徒が卑《いや》しめられ、そして神の家が占領されているというのに、これらの聖地から聞こえてくる祈りについていったいどんな意味があるというのだろうか？」。こう言って、リビアの指導者はサウジを痛烈に批判したのである。[5]
イラン革命の炎は、シーア派、スンニ派を問わず中東全域に広まりつつあった。そしてその激情の炎が、サウジアラビアにも達していた。激動する中東地域において、あくまでイスラム教の本流を自認するならば、アフガニスタンでの聖戦を支援する以外、サウジアラビアには道は残されていなかったのである。

第二節　アフガニスタンでのアメリカの秘密作戦

ソ連のアフガニスタン侵攻が冷戦史の転換点

時折耳にするビン・ラーディンに関する都市伝説の一つが、ビン・ラーディンとアメリカは実際には深い関係にあり、二〇〇一年のアメリカ同時多発テロもアメリカの陰謀であったというものだ。こうした根拠のない議論が生まれる背景には、八〇年代のアフガニスタンでの機密工作において、サウジアラビアとアメリカが実際上、手を組んでソビエト軍と対峙していたという歴史的事実がある。

アフガニスタンでの聖戦にサウジアラビアを筆頭とするスンニ派諸国が積極的に関与するきっかけは、先にも述べたように、シーア派の大国として台頭しつつあったイランが強く意識されていたためであった。

しかし、それと同時にアメリカにも、アフガニスタンの紛争に介入する動機が存在した。それは、一言でいえば、冷戦におけるアメリカの劣勢であった。

そもそも、一九七〇年代は、アメリカにとっては逆境の時代であった。アメリカの停滞は、一九七三年と一九七九年の二度にわたる石油危機による原油価格の上昇、高い失業率に急激な物価上昇といった経済的側面に留まらなかった。ベトナム戦争の敗北、ウォーターゲート事件などに代表されるアメリカ政治の停滞が、世界のアメリカに対する見方を変えつつあった。

ソビエトに対するアメリカの戦略的優位は変わりがなかったが、ニクソン大統領の時期に始まった米ソの緊張緩和（デタント）を背景に、ソビエトは着実に力をつけつつあった。一つ例を挙げると、この緊張緩和の時期に、ソビエトは、戦略核ミサイルの数を七倍にまで増強していた。また、アメリカは大陸間弾道弾の数を多弾頭化により倍増させたが、ソビエトは二十倍にまで増加させていた。その結果として、アメリカは一九六〇年代に確立していた圧倒的な核の優越性を、一九七〇年代には失うにいたっていた。そして、ソビエトの軍拡により、アメリカが世界中で積極的に軍事力を行使することが困難な状況が生まれていたのだ。[6]

実際、世界中で繰り広げられていた冷戦において、アメリカは劣勢に立たされていた。一九七五年四月三十日の、北ベトナム軍に対するサイゴンの陥落、アンゴラの独立紛争におけるアメリカが支援する勢力の敗北、それに、南イエメン、ローデシア、リビアに対するソビエトによる支援の強化は、アメリカ側の劣勢を物語るエピソードであった。

これに対し、比較的順調に推移していたのが、中東外交であった。一九七三年の第四次中東戦争の後、エジプト・イスラエル間では一九七八年にキャンプデービッド合意が、続いて一九七九年三月二十六日にエジプト・イスラエル平和条約が締結され、中東には平和が訪れるかに見えた。しかし、七九年のイラン革命と、その後のアメリカ大使館人質事件により、またしてもアメリカの権威が失墜したのである。

こうしたなかで、一九七九年には、ソビエト軍がアフガニスタンに侵攻する。それにひきつづきアフガニスタン内戦が始まる。そこに、世界中から多くのイスラム聖戦士が結集するのである。この内戦は、冷戦史上の重要な転換点であった。防戦にまわる一方であったアメリカが反撃にまわったためである。

アメリカの反撃とソビエト包囲網の確立

ロシアに対する反撃は、カーター大統領の時代に始まっていた。「人権外交」の提唱、ソビエトを含む東欧諸国へのラジオ放送の強化、ソビエト国内での禁書の密輸などの対策がとられていた。[7]

しかし、アフガニスタンにおける反撃を本格化させたのは、次期のロナルド・レーガン大統領であった。そして、ソビエトへの反撃の中核となったのが、ビル・ケーシー率いるＣＩＡであった。[8]

ケーシーが当時のソビエトに対して攻撃を仕掛けたのは、次に挙げる三方面においてであった。

第一の戦線は、ソビエトへのアメリカの科学技術・軍事技術情報の流出の阻止であった。そのためにココム規制が強化され、さらなる技術流出の防止が図られた。

第二の戦線は、ポーランドであった。当時、ポーランドはワルシャワ条約機構のなかでも最も脆弱な国家であり、ポーランド国内の政治情勢を不安定化させるために、あらゆる手段が講じられた。それが後に独立自主管理労働組合「連帯」の支援につながる。アメリカの「連帯」への資金の支援は、バチカンを経由して行われていたほどだ[9]。

そして、第三の戦線として、ケーシーは、アフガニスタンに侵入していたソ連軍を撃退するという計画に取り組んだ。そこでのカギは、背後からイスラム過激派を支援することにあった。CIAのスタッフの説明に耳を傾けたケーシーは次のように語っている。

「これこそ、我々がいまなすべき仕事ではないか。いや、それ以上のことが必要だ。私が見たいのは、地球上の一つの場所、彼らを追い詰め撃退できる場所だ。共産主義者共に冷や汗をかかせてやろうじゃないか[10]」

一九八一年以降、ソビエトに対する反撃の体制が整うと、アフガンへの介入のパートナーの元を訪れた。最初に訪れたのがサウジアラビア情報部長を務めるトゥルキー・アル・ファイサル王子であった。そこでケーシーは、サウジにCIAと同額の六〇〇〇万ドルもの資金を拠出してもらい、東欧圏の武器をエジプトから買い付け、それをパキスタンにまで輸送するという同意を取り付けた。カイロでは、アンワル・サダト大統領の元を訪れ、東欧圏の武器や地雷の不法な入手計画を拡大できるかをたずねた。パキスタンのイスラマバードでは、ケーシーは、ジア大統領とアクタル・アブドゥル・レーマン・カーン軍統合情報部（ISI）部長と会談を持った。レーマン・カーンISI部長は、アフガン国境近くのペシャワールやクエッタで聖戦士の訓練を管轄していた。

パキスタンの後、ケーシーが向かった先は北京であった。ケーシーは北京も抱き込むことで、人民解放軍に、聖戦士向けの武器をカシミール地帯を経由して空輸させるように取り決めを結んだのである。その調整はイスラマバードのCIA支局が行うことになっていた。[11]

こうした包囲網の強化と、レーガン大統領の強い指示により、抵抗運動には相当量の武器（バズーカ砲、迫撃砲、擲弾銃、地雷、無反動砲）とその弾薬が供与された。

一九八四年からは、テキサス州選出のチャーリー・ウィルソン下院議員の積極的な働きかけもあり、飛躍的に予算が拡大していった。[12]

そして、一九八五年には、レーガン大統領が国家安全保障大統領令166にサインし、アフガニスタンでのアメリカの目的が、ソビエトに打ち勝ち、ソビエトをアフガニスタンから追い払うことであると明記された。

サウジの情報部長トゥルキー・アル・ファイサル王子
©ZUMAPRESS/amanaimages

これ以降、アラブ人のなかで「聖戦」に参加する人数が増え始めた。彼らは、シリア、イラク、アルジェリアからやってきた。そして彼らは、イスラム原理主義のグループ、なかでも、アブドゥル・ラスル・サイヤフに率いられたグループとともに戦った。とはいえ、それから数年後に、アフガニスタンで訓練を受けたイスラム原理主義者らが、世界中に出現することはこの段階では予想できなかった[13]。

最終的にソビエトの戦意を完膚なきまでに挫いたのは、CIAによるスティンガーミサイル（熱追尾式の携帯式対空ミサイル）の導入であった。当時、このミサイルの命中率は極めて高く、ソビエト、アフガニスタン政府側の空軍機の損失は膨れあがっていった[14]。

その結果、これ以上の介入を断念したソビエトは、一九八八年には、軍の撤退を決定し、八九年には撤退が完了する。この終わりは、アメリカが望んでいた結末であった。しかし、この終わりは、アメリカにとっての新たなテロ戦争の開始であることに当時気がつくものはいなかったのである。

第三節　アフガニスタンにおけるビン・ラーディンの活動

「聖戦とライフルだけでよい」

当初、アフガニスタンでの抵抗運動の指導は、何十人もの声望のさして高くない人物にゆだねられ、分裂した状態がつづいていた。実際、一九八五年に四つの主だったイスラムグループと三つの穏健なグループによる幅広い連合体「アフガン・ムジャヒディン・イスラム連盟」がサウジアラビアのファハド国王の強い指導力によって形成されるまで、その種の連合はまったく見られなかったほどであった[15]。

こうした動乱のパキスタンで、オサマ・ビン・ラーディンは、アフガニスタンに聖戦（ジハード）の本拠地を組織するという明確な使命を持っていた。しかし、そのための準備はほぼゼロから始めなければならなかった。彼は、少ない兵員数でも、実質的には強力な攻撃力・組織力を持つ意欲的な集団を手に入れようと試みたが、期待外れに終わった。

次善の策として、ビン・ラーディンが取り組んだのは、後方支援や戦闘員の輸送方法の改善であった[16]。その時にビン・ラーディンが再会したのが、アブドッラー・ユースフ・アッザーム博士であった。

アッザーム博士が、サウジアラビアのキング・アブドルアジーズ大学に勤めていた時、彼の講義を受講していた。そこで博士は「聖戦とライフルだけでよい。交渉はいらない。会合もいらない。対話も無用だ。聖戦とライフル、それ以外のものは何一つとして重要でない」と、彼を一躍有名にした言葉を学生たちに投げかけた。オサマは、その言葉に強烈な感動を覚え、講義が終わってもしばらくは席を立つことができなかったほどであった[17]。

アルカイダの前身「マクタブ・アル・ヒダマート」

その後、アッザーム博士とビン・ラーディンの間で、一九八四年に、「マクタブ・アル・ヒダマート」、英語で言えば「サービス・オフィス」と呼ばれる組織が創設された。アッザーム博士が理論的な指導者を務め、各国の新聞に広告を出し、イスラム教徒にアフガニスタンでの聖戦に参加するように呼びかけた[18]。

その一方でオサマは実務を担当した。彼が担当したのは新兵補充とその兵站活動であった。新兵補充オフィスが、合衆国の六つの都市、ロンドン、パリ、カイロ、その他主要な首都をふくめて五十以上の国々に開設された。外国から駆けつけた補充兵を満載したバスが、ほとんど毎日のようにイスラマバードから山間の都市ペシャワールに到着した。一年も経たないうちにマクタブ・アル・ヒダマートは、新兵訓練所で訓練を受ける数千名の志願兵を擁していた。組織が結成二周年を迎えた頃には、一万人に達する戦士たちが訓練を受けた後、アフガニスタンにおける戦闘に参加していた。そのうちアフガニスタン人はごくわずかで、半数近くの戦闘部隊は、サウジアラビアの出身者だった。その他は、アルジェリア（約三〇〇〇人）、エジプト（約二〇〇〇人）出身であり、残りのほぼ一〇〇〇人は、イエメン、パキスタン、スーダン、レバノン、クウェート、トルコ、アラブ首長国連邦、チュニジア出身であった。戦闘にはアメリカ人、英国人、フランス人、オーストリア人といったイスラム教徒やイスラム教徒以外の西洋人も参加していた[19]。

マクタブ・アル・ヒダマートは後に、アルカイダに取って代わられる。海外で志願者を募り、訓練を施し、作戦に参加させるという点では、アルカイダ、そしてそれ以降のアルカイダ系過激派の活動の原型がここにあった。あえて違いを挙げるとすれば、マクタブ・アル・ヒダマートは、義勇兵の養成に当たっていたのに対し、アルカイダはテロリストの養成に当たっていたということだ。

アメリカ同時多発テロ後もビン・ラーディンと会っていたサウジの王子

一九八〇年代のアフガニスタンの戦いにおいて、マクタブ・アル・ヒダマートは、直接的には、パキスタン軍統合情報部（ISI）によって支援を受けていた。一九八〇年代初頭、軍統合情報部は、アメリカのためにアフガニスタンのすべての抵抗運動に関する報告書を作成していたのだが、そのリストには、オサマの名前も登場している。オサマも、パキスタン軍統合情報部に武器の供与を求め、スティンガー地対空携帯ミサイルといった武器がオサマの元に届けられている。[20]

しかし、その一方でアメリカとの直接的な関係は、現在のところ確認されていない。建築物の建設にたとえるならば、施主はアメリカで、建築を引き受けた親会社がパキスタン、そしてその元で実際の工事に当たったのが下請けのオサマ工務店だったと考えるのがわかりやすい。

オサマの個人に関してみれば、少なくとも当初はサウジアラビアという国家から支援を受けていたことはあきらかである。当時のサウジ情報部長であったトゥルキー・アル・ファイサル王子も、アメリカ同時多発テロ事件の後ですら、オサマ・ビン・ラーディンと面談したことを認めている。[21]

また、一九九〇年代初頭には、二人はあまりに頻繁に連絡を取り合い、その関係があからさまであったことから、オサマは、外国の情報機関、とくにイスラエルの情報機関からは、サウジアラビアのスパイか、さもなければサウジの情報機関の影のボスとみられていたほどであった。[22] 少なくとも、アフガニスタンへの介入において、オサマ・ビン・ラーディンはサウジアラビアの国益を担うエージェントとして働いていたというのは否定しがたい事実なのである。

それに加えて、本国のビン・ラーディン・グループの親族も、オサマの支持者に含められる。むしろ、オサマ・ビン・ラーディンが受けてきた一族からの支援は、サウジ政権の支持、少なくともサウジ政権側の好意的な中立的立場がなければ、あり得なかったというべきであろう。ビン・ラーディン・グループは、サウジアラビアでの政商であり、サウド家との関係も深い。一九九五年四月のインタビューのなかで、オサマが「サウジの人々は、自分をアフガニスタンにおける彼らの代理人に選んだのだ[23]」と述べているのは、オサマがサウジの国家意志を背負って活動に従事していたことを裏付けていると言える。

第四節　アルカイダ創設

アッザーム博士との対立

ビン・ラーディンが、マクタブ・アル・ヒダマートに代わってアルカイダを創設したのには、いくつか理由がある。

その一つが、アラブ人だけの部隊を編成したいという意欲であった。ビン・ラーディンは、マクタブ・アル・ヒダマートの活動を続けるうちに、単なる兵站活動だけでは飽き足らなくなった。自ら前戦で戦う内に、アラブ人だけの戦闘組織を作る必要を彼は感じるようになっていたのである。

オサマは、一九八六年から八七年にかけて、パキスタン国境から一〇マイルのところにあるアフガニスタン東部のジャジという場所にアル・マサダ、すなわち「ライオンの巣」という基地を構築し、一九八七年の春に、一週間にも及ぶソビエト軍との対峙に勝利を収める。

この戦いの後、ビン・ラーディンは、アブドッラー・アッザームに、アラブ人だけで構成されるキャンプの設立を進言した。しかしながら、この進言に対して、アッザームは否定的であった。アラブ人は分散してさまざまな役割を担っており、なによりも人数が少ないという理由からであった。

ビン・ラーディンは、情勢をまったく別の観点から捉えていた。彼は、アラブ人の軍事部隊は、戦闘に消極的なアフガン人とは違い、ソビエトの攻撃に充分に対抗できると信じていた。実際、一九八七年のジャジの戦いの後、ビン・ラーディンはその構想の実現に向けて努力を開始するのだ。

アラブ人のみの組織という構想は、彼の周囲のエジプト人のメンバーの影響によるところが大きかった。彼はアフガンでの戦争の過程で、アブ・ウバイダ・アル・バンシリとアブ・ハフス・アル・マスリという二人のエジプトの民兵組織の人間と知り合った。アブ・ウバイダとアブ・ハフスにはそれぞれ軍と警察での経験があった。彼らの経験はアルカイダという準軍事組織を作り上げるためには有益であった。実際彼らは「ライオンの巣」キャンプを設営する際にも大いに力になった。そして彼らが、オサマ・ビン・ラーディンに対してアラブ人のみからなる組織の有用性を説得したのだ。

ビン・ラーディンにアイマン・アル・ザワヒリを紹介したのもこの二人であった。この二人はザワヒリとエジプトにいたときからの知り合いであった。ビン・ラーディンがザワヒリと初めて会ったのは、一九八六年のペシャワールにおいてであった。当時、ザワヒリは、エジプト・ジハード団の実現のために努力していた。ザワヒリがビン・ラーディンに引きつけられたのは、彼の圧倒的な資金力と戦争の英雄としての名声のためであった。その一方で、ビン・ラーディンはザワヒリを、エジプトで長年イスラム運動に従事してきた人物として尊敬していた。ザワヒリはビン・ラーディンをアッザームのマクタブ・アル・ヒダマートから引き離そうと決意した。ザワヒリは、ビン・ラーディンに「自分の金を自分で使ったらどうだ。アッザームに与える必要はない」と持ちかけたのである。

オサマが、アルカイダを創設したもう一つの動機は、アッザーム博士との路線対立であった。当初、ビン・ラーディン本人には思想性はなく、サウジ王室に反対する発言も禁じていた。しかし、ビン・ラーディンは、バンシリらから、中東の政治体制を打破する必要性があると説得を受けるようになっていたのだ。とはいえ、実際に方向を転換するのは、湾岸戦争の後ではあったのだが。

いずれにせよ、アルカイダは、国際的なテロ組織としてではなく、アフガン戦争を戦うアラブ系イスラム教徒のための組織であった。当初は、世界的な規模のテロ組織として設けられたわけではなかったのである。

しかし、この別組織の創設によって、アブドッラー・アッザームとビン・ラーディンは、完全に袂を分かつことになる。アッザームは、伝統的なジハードの概念を譲らなかった。それは、現在イスラム教徒の支配する地域、もしくは以前イスラム教徒が支配した地域を取り戻すというものであった。その一方で、ビン・ラーディンの周囲のエジプト人たちは、彼らが背教者と考えるイスラム国家を転覆するというはるかに過激な方針を主張していた。アッザームと彼の支持者たちは、この方針に強く反対した。というのも、彼らはイスラム教徒の間での争いを望んでいなかったためである。

その後、アッザームは暗殺された。犯人として最も有力視されているのがエジプトの強硬派とアフガニスタンの指導者であったグルブディーン・ヘクマティアルである。アッザームは、ヘクマティアルのライバルである北部同盟のアフメド・シャー・マスードを支持していた。また、もう一つの犯人の候補は、エジプト人強硬派であった。彼らは、イスラム国家転覆に反対するアッザームが許せなかったのだ。とはいえ、実際の真相はわからずじまいである。

こうして「世界的ジハード」を旗印に、アルカイダは発足した。発足当時から、アルカイダの組織としての活動は順調に進展していた。マクタブ・アル・ヒダマートのような、リクルートから訓練に到るまでのシステムが確立された。任務、祝日、給料、本国を往復するための旅費、報酬、罰則、機密厳守と服従の宣誓などが事細かく規定されていた。つまり、アルカイダのために働くことは、職業になるということだった[24]。言い換えれば、ビン・ラーディンの作り出したアルカイダの役割は、職業民兵の創設にあったのだ。これが、後に職業テロリストの養成に変質するのである。

作られたビン・ラーディン伝説

オサマの前線での体験は、いささか誇張した体験談として後に語られることになる。たとえば次のような具合である。一九八七年の戦いでソビエト軍がビン・ラーディンの部隊に迫ってきた。ソビエト軍が、ビン・ラーディンの部隊の所在を突き止め、一斉攻撃を仕掛けてきた。「そこにいたアフガンの戦士たちは、戦いが始まったとき、つまり空爆が始まって落下傘部隊が降りてきたときには、すでにそこを引き払っていました。アブドッラー・アッザームと私が率いていたアラブ戦士たちは、私が知るかぎりでは、三五人足らずだったのですが、いずれにせよ、私たちは、二週間にわたって基地を守り抜いたのです」とオサマは後に述べている。

しかし、残念ながらこの話には虚偽が埋め込まれている。なぜなら、アブドッラー・アッザームは、アフガニスタンに滅多に足を踏み入れていないし、ましてや、前線基地で戦ったことなどないからだ。

こうした裏付けに乏しい逸話がビン・ラーディンのおとぎ話の効果を高めており、激しい銃撃戦における武勇伝や指揮官としての手柄話がいつまでも語り継がれている。これらの逸話は、飾り付けられ、空想的な粉飾が施されることによって個人崇拝に祭り上げられた。オサマも、それに気がついており、自分の支持者たちが広めてくれる伝説に快感を覚えていた。[25]

一九八九年にアフガニスタン紛争の終了後、これらの伝説が広まるにつれて、彼を取り巻く環境は激変した。彼は、有名人になったのである。

一九八〇年代の後半、アラブのメディアはこの傑出した人物にスポットライトを当て、その業績を褒めちぎり、オサマを一種、謎めいた人物に仕立て上げていた。そして、高い教育を受け、物腰の洗練されたこの「自由の戦士」は、ジャーナリストたちを巧みに扱う術に長けていた。ロンドンに本社があるアル・クドゥス・アル・アラビー新聞の主任編集員アブドル・バリー・アトワンは、オサマとの会見後、その印象を次のように語っている。

「彼は、大変奥ゆかしい性格の持ち主です。自分の発言に信念をもっている。彼は嘘をつかないし、誇張もしません。お世辞めいたことも言わないし、何一つ隠そうとしない。感じたことはすべてそのまま表現します。彼は、大変謎めいた人物です。声は穏やかで、抑制がよく利いています」

オサマの巧みな広報活動は、熱狂的に受け入れられた。中東は、ガマル・アブドゥル・ナセルの時代以来、カリスマ的なヒーローに飢えていた。ナセルは、アラブ・ナショナリズムの熱烈な支持者であり、イスラム社会全域の守護者のような趣を持っていた。発展途上国におけるいかなる種類の占領にも抵抗し、すべての自由主義的運動を支援したばかりか、非同盟運動の創立者であると共にその指導者でもあったナセルは、インドのネルーやインドネシアのスカルノとともに、発展途上国の政治を動かしていた国際的な大立者であった。

一九七〇年以降、アラブ世界には大衆を結束させることができる強烈な個性が登場しなかった。一九八〇年代以降、多くの人々が唯々としてオサマに群がったのは、アフガニスタンからソビエト軍を駆逐するための資金を援助し、戦闘を指揮したカリスマ的な若きイスラム教徒というイメージが、こうした大衆の英雄への願望を満たすだけの魅力を持っていたからに他ならなかった。中東のイスラム民主主義国家や過激な独裁政権国家においては、オサマは、富が仕掛ける罠に背を向け、気高い大義を選んだ信仰心の篤いオサマ・ビン・ラーディンという評価を受けていた。その一方で、湾岸の石油貴族は、また、違った見方をした。彼は、アラブ世界の新興成金が結局のところ信仰を失ってしまったわけではない模範と目されていたのである。[26]

第五節　ビン・ラーディンはいつテロリストになったのか

湾岸戦争でサウド家と対立

先にも述べたように、アルカイダは、基本的には、イスラム教徒の組織であり、その目的は、神の言葉を称揚し、神の宗教に勝利をもたらすこととされた。アルカイダは当初から、世界的なテロ組織として発足したわけではなく、従来の活動の継続として発足したのである。[27]

八九年十一月には、ビン・ラーディンはアフガニスタン並びにパキスタンを去り、サウジアラビアに戻る。パキスタン議会選挙において、ベナジール・ブット首相に反対するように、選挙に介入したことが原因であった。ブット首相本人の不興を買い、彼女がオサマの帰国をサウジ政府に働きかけたためであった。[28]

帰国後も、彼は、デスクワークに従事した。彼は、ほとんど毎日のように配下と連絡を取っていた。オサマは、一見したところ何事もなく一族の事業に励んでいた。だが、それは、あくまで見せかけであった。多額の資金が、アルカイダと、熟練した戦士を養成していたアフガニスタン奥地の軍事キャンプに流れていった。[29]

サウジアラビア当局が、オサマのこうした行動を把握するのは時間の問題であった。好ましくないと判断されている宗教指導者との接点も、当局は突き止めた。ビン・ラーディン一族には、オサマに関して警告が出され、オサマ本人も、パスポートを没収され、許可なくジェッダを離れることは禁止された[30]。

そこに降って沸いたのが湾岸戦争であった。一九九〇年八月には、イラクがクウェートに侵攻する。イラクのクウェート侵攻は、湾岸諸国に大きな衝撃を与えた。興奮したオサマは、防衛大臣のスルタン王子に直訴し、訓練を受けたサウジ・アフガンの武装兵を二日間の内に、四〇〇〇人、さらに、中東全体から六〇〇〇人の戦士たちを集めることができると主張した。しかし、八月七日に、サウジアラビア政府は、サウジの石油資源を守るため米軍のサウジアラビア駐屯を要請すると発表したのである。ビン・ラーディンの申し出は拒絶された。その代わりに、サウド家は、米軍に支援を依頼したのだった。湾岸諸国だけでなく、中東以外の諸国も参戦した湾岸戦争は、一九九一年一月十七日に始まり、二月二十八日には終了した。

サウジアラビア国内は戦勝に沸き立っていたが、ビン・ラーディンにとってはサウジ国内への米軍の駐留は、我慢がならないものだった。その後、ビン・ラーディンは、サウド家や政府の政策を厳しく批判した。サウジ当局は、オサマに通りで暴行を負わせただけでなく、大規模な建設契約をキャンセルし、彼の資産を凍結すると恫喝したのである[31]。

これにたいして、オサマは一九九一年の春に、パキスタンでの商用を口実にパスポートを改めて入手し、パキスタンに逃れた。その後彼は、アフガニスタンの共産主義政権の一掃に乗りだすが失敗した[32]。また、元アフガニスタン国王のザーヒル・シャーの暗殺の指示も下している。これは元国王がアフガニスタンに帰国した場合、アフガニスタン国内での派閥争いの激化を懸念した部下から進言をうけ、オサマが承認したものであった。[33] この一件からもわかるように、この段階では、アルカイダの活動も、まだアフガニスタンの政治的文脈に制約されるものであった。

アフガニスタンでの活動は、現地の派閥争いで進まなかった。さらに、一九九二年から一九九三年にかけて、パキスタンに対しては中東諸国からパキスタン国内の過激派を国外に追い出すように圧力が強まった。その結果、アルカイダはスーダンに本拠地を移すことになったのである。[34]

イスラム過激派となったスーダン時代

スーダンでビン・ラーディン一行を出迎えたのは、ハッサン・アル・トゥラービー博士であった。トゥラービー博士は、当時のスーダンで有力な政治家であっただけでなく、イスラム原理主義の精神的指導者でもあった。

一九八九年六月三十日のオマル・ハサン・アル・バシールによる軍事クーデターが起きると、すべての政党が解散させられた。そのために、トゥラービーも一旦は投獄されたものの、その後イスラム化したスーダンを支える理論的指導者となった。[35] その後トゥラービーが創設したのは、「人民アラブイスラム会議」であった。イスラムの復興という彼の理論を現実化を目指すトゥラービーにとって、この会議は世界的なイスラム運動の主導権を模索する試みだったのである。[36] ロシア革命の成功後に第三インターナショナルが創設されたように、トゥラービーはイスラム過激派版のインターナショナルの創設を目指したのだった。

このイスラム過激派版のインターナショナルの呼びかけに、いち早く応じたのがビン・ラーディンであった。

ビン・ラーディンのスーダンでの活動は、ソマリアなどの東アフリカでの活動、ボスニア内戦への関与、チェチェン紛争への介入を挙げることができる。

まず、東アフリカでは、一九九二年にアメリカ軍がソマリアに展開すると、アルカイダの指導者たちはアメリカ軍の撤退を要求する勧告（ファトワ）を発表した。同年の十二月にはイエメンのアデンで、ソマリアに展開するアメリカ軍兵士らが宿泊する予定であったホテルが爆破された。この爆破は、ビン・ラーディンのイスラム軍評議会のイエメン人メンバーの指導により南イエメン人によって実行されたとされている[37]。

その後、アルカイダの指導者は、ナイロビに細胞を設置し、アメリカ軍と戦うソマリアの軍事指導者に武器を供給し軍事トレーナーを派遣する窓口とした。二〇名程度の軍事トレーナーが、その後数か月にわたって、ソマリアに派遣された。そのなかには、アルカイダの軍事委員会のメンバーや武器使用訓練の専門家も含まれていた。一九九三年に、アメリカのブラックホークヘリコプターが、ソマリアの民兵によって撃墜され、一九九四年初頭には米軍が撤退したが、彼らの援助のお陰であったと言われたようだ[38]。

その後、ソマリアは、パキスタンを追われたアラブ戦士らにとっての避難所となった。ただ、ソマリアの地元の勢力とアルカイダは安定した関係を築くことはできなかった。それは、現地の政治的、社会的状況、特に現地の部族の構造に関する知識が欠けていたためであった[39]。

次に、ビン・ラーディンの旧ユーゴへの介入を紹介しよう。一九九二年にスーダンに到着してまもなく、オサマは、急遽組織された数多くのボスニア・イスラム教徒民兵組織の指導者たちから変則的なルートで接触をうけた。旧ユーゴではセルビア人との間で紛争が生じていたのだ。武器輸出禁止措置のせいでイスラム教徒は自衛のための武器を買うことができない。オサマは、こうした訴えに共感を示したばかりか、この問題を自分の大義として受け入れたのである。

一九九二年、オサマは、ボスニアの武装したイスラム教徒を支援するために、三方向への攻撃を開始した。彼自身の部隊がその手始めだった。アルカイダは、密かに兵士をサラエボ空港へ移動させ始めた。最も戦闘が激しかった時期には五〇〇〇人のアラブ・アフガン戦士がヨーロッパの同胞とともに戦闘に参加していたと軍事評論家たちは信じている。

次の作戦として、オサマは、アルカイダの戦闘部隊とボスニアのイスラム教徒を財政的に支援するため、数多くの慈善団体を設立し、それを通して資金を「合法的に」ボスニアに送り込んだ。三つめの作戦は、ボスニアのイスラム教徒に大量の武器を迅速に供給するというものであった[40]。

九五年にボスニア・ヘルツェゴビナ紛争が終了すると、アラブ圏からやってきた戦士ら六〇〇〇名がボスニアのパスポートを受け取ったと言われている[41]。ビン・ラーディン本人も、ウィーンのボスニア大使館から正規のパスポートが支給されている[42]。これは、ボスニアのビン・ラーディンに対する感謝の印以外の何物でもなかった。

さらに、オサマは、チェチェン紛争にも手を伸ばしていた。アルカイダの内部では、タジキスタン、ウズベキスタンへの攻撃は、チェチェンでのロシア支配に対抗する民兵を支援するには最適であるという議論もあった。その一方でチェチェンへの直接の関与は「危険」で「軍事的に非効率」

とされたが、実際には、イブン・アル・ハッターブを中心とした少数のアルカイダのメンバーが向かった[43]。

これらの三つの事例からわかるのは、アルカイダが聖戦の推進という従来の活動を継続していたという事実である。この段階では、ビン・ラーディンはイスラム過激派ではあってもテロリストではなかったのだ。

ビン・ラーディンがテロに目覚めた瞬間

とはいえ、母国を追われることになったきっかけは、米軍のサウジアラビア駐留問題であった。そのために、ビン・ラーディンの心は晴れることはなかったと想像される。そこで生じたのが、世界貿易センタービル爆破事件であった。

一九九三年二月二十六日、ニューヨークのワールド・トレード・センターの駐車場で大規模な爆発が発生し、六名が死亡、一〇四二名が負傷し、被害は五億ドル以上にも達した。凄まじい爆発を引き起こした爆薬は、化学肥料を主な原料とする硝酸尿素ほぼ五四〇キロを使って作られたものであった[44]。

この事件の主犯は、ラムジ・ユセフというクウェート人のイスラム原理主義活動家であった。この事件は、アルカイダのアメリカへの攻撃の嚆矢《こうし》としてしばしば言及される。しかし、この事件がどの程度までアルカイダの関与によるものかに関しては論争がある。実際、米議会により作成された九・一一の報告書では、ラムジ・ユセフ、ならびにこの事件の指導者として後に逮捕されたオマール・アブドゥル・ラーマンとビン・ラーディンとの関係を認めてはいるものの、この事件のアルカイダとの関わりは「せいぜい灰色」であると判断している。それは、ラムジ・ユセフが以前、ビン・ラーディンのアルカイダが主宰するキャンプで訓練を受けていたことは確認されているものの、ビン・ラーディンの直接の関与を示す証拠は見つかっていないためだ。[45]

むしろ、九三年の世界貿易センター爆破テロ事件は、ビン・ラーディンに対して後の戦い方のヒントを与えたと考えられる。実際、この事件の後、ビン・ラーディンは、次のように語っている。「ラムジ・ユセフはワールド・トレード・センター爆破事件の後、一躍その名を知られるようになったイスラム教徒です。すべてのイスラム教徒が彼のことを知っている。私は、あの事件の前には彼のことを知りませんでした。私は、アメリカの攻撃からイスラムを守ったイスラム教徒である彼を決して忘れることはないでしょう。彼がこうした行動を取ったのは、アメリカ政府がイスラエルの利益を守るためイスラム教徒を攻撃しているという事実をアメリカ人に知らせるためにほかなりません。（略）アメリカは、多くの若者がラムジ・ユセフと同じ道を歩むという事実に直面することでしょう」[46]

「すべてのイスラム教徒が彼のことを知っている」「彼を決して忘れることはないでしょう」といった表現から、ビン・ラーディンが九三年の世界貿易センター爆破テロ事件のようなテロにある種の羨望の念を抱いていたことが見て取れる。

その後ラムジ・ユセフは、叔父であるハリド・シェイク・モハメドと共に、ボジンカ作戦と呼ばれるテロ作戦を立案する。これは太平洋を行き交う十二もの民間航空機を爆破するというものだった。二人は一九九四年夏から準備を重ね、秋には、映画館とフィリピン航空の東京行き旅客機を爆破することに成功した。これが、フィリピン航空434便爆破事件である。

ユセフはその後一九九五年二月七日に、パキスタンのイスラマバードで逮捕され、九六年にはハリド・シェイク・モハメドもアフガニスタンに移る。そこで、ビン・ラーディンと彼の側近であったムハンマド・アーティフと会合を持った。当時無名であったハリド・シェイク・モハメドが、ビン・ラーディンに会えたのは、甥のユセフの功績であったと本人も後に認めている。その会合で、ワールド・トレード・センター爆破事件や、フィリピン航空機爆破事件、その他米国行きの輸送機の爆破計画の詳細を伝えた。その際にハリド・シェイク・モハメドは、建造物に自爆攻撃を行うパイロットの養成を進言した。この進言が後にアメリカ同時多発テロとなって結実するのである。

ラムジ・ユセフとハリド・シェイク・モハメドは、最初は自発的なテロリストとして活動を始めていた。それが、世間の注目を集めると、今度はアルカイダからリクルートされることになった。ビン・ラーディンからすれば、有能な人材は極力登用するという方針であった。さらに、ハリド・シェイク・モハメドの提案から九・一一のテロが始まっているという事実からもあきらかなように、ビン・ラーディンには部下からの提言にも素直に耳を傾ける度量の広さがあった。こうした組織としての柔軟性が、後にアルカイダがフランチャイズ化していく道を開いていたとも言える。

しかし、やはり最も注目すべきなのは、九三年のワールド・トレード・センター爆破事件が、ビン・ラーディンに与えた影響であった。それまでは、アフガニスタンでのソビエトに対抗する聖戦の延長を、ボスニア・ヘルツェゴビナで、そしてチェチェンで戦っていたビン・ラーディンがテロへの傾斜を深めるのは、この事件がきっかけであるように見えるからだ。
もう一つ、ビン・ラーディンがテロへの傾斜を深めていく要因があった。それは、他のテロリスト団体との協力と競合であった。

レバノン・ヒズボラとの協力と競合

先に、トゥラービーはイスラム過激派版のインターナショナルの創設を目指したと述べたが、その結果、アルカイダは、実際に他のイスラム原理主義団体、たとえばアルジェリアのＧＩＡ、シリアのジャマート・ジハード・アル・スリ、それにリビアイスラム戦闘集団（ＬＩＦＧ）との交友を深めていた[47]。

それと同時に、アルカイダはレバノンにゲストハウスを設置していた。アルカイダのメンバーの一部は、レバノン・ヒズボラから建物の爆破方法の研修をそこで受けていたのだ。そしてビン・ラーディン本人も、レバノン・ヒズボラの幹部として活躍していたイマード・ムグニヤと面会している。ムグニヤによる一九八三年のベイルート・アメリカ海兵隊兵舎爆破事件は、アメリカ人をベイルートから撤退させた。その意味で、レバノン・ヒズボラのテロ活動は、ビン・ラーディンがぜひ模倣したいテロ活動のモデルだったのである[48]。

そして、一九九六年には、サウジアラビア国内のダーランにあった住居施設へのテロ攻撃が実行された。この住居施設に、アメリカ空軍の要員が当時滞在しており、一九名のアメリカ人が死亡し、三七二名が負傷した。このテロ事件に関しては、アルカイダが関与した可能性も否定できないものの、通信傍受の記録などからイランの関与が指摘されている[49]。

九・一一の動機は他のテロ組織に実績の面で後れを取りたくないというビン・ラーディンの意向があったと思われる。先に述べたハリド・シェイク・モハメドのアルカイダへの参加もこうした文脈で考えるべきだろう。

いずれにせよ、スーダンに滞在していた時期は、アルカイダにとっては有益な時期であったと言えるだろう。スーダンでアルカイダのメンバーが手に入れた他の組織との横のつながりと有能な人材は、アルカイダという組織に柔軟性を与えた。それは、アフガニスタンという以前の安住の地の喪失を埋め合わせてあまりあるものであった[50]。

アフガニスタンでアメリカとの聖戦を宣言

ビン・ラーディン本人のサウジアラビア国籍は一九九四年に抹消され、本国の財産も凍結された。彼は帰るべき祖国すら失ったのである。その一方で、アルカイダは活動能力を高めるだけでなく、その活動範囲も大幅に拡大させていた。しかし、一九九六年五月十八日に、ビン・ラーディンはスーダンを去った。

その第一の理由は、西側諸国から強い圧力であった。スーダン政府に対して、テロリストに避難場所を与えるのを停止するように求められていたのだ。それ以外にも、エジプト、シリア、ヨルダン、そしてリビアすらも、スーダンがテロリストをかくまうことに反対するようになっていた。トゥラービーも、スーダンの政界での有力者ではあったが、オマール・アル・バシール大統領はトゥラービーとは距離を置き始めていた。

　そのきっかけとなったのは、一九九五年のエチオピアでのエジプト大統領暗殺未遂事件であった。当時のムバラク大統領が、エジプト人のイスラム過激派により命を狙われたのだ。彼らをかくまっていたのがスーダンであり、支援していたのがビン・ラーディンであったためである。スーダンが、彼らを国外に退去させることを拒否すると、国連安全保障理事会は、一九九六年四月にスーダンに対して制裁を科した。その結果、側近のなかには、アメリカ当局に亡命を求めるものすら現れ、サウジアラビアは、ビン・ラーディン追放のためにスーダン当局と秘密交渉を行っていた。[51] スーダンはもはや永住の地ではなくなったのである。

　第二の理由としては、ビン・ラーディンの不満であった。ビン・ラーディンに対して、スーダン政府から過激な言動を慎むように圧力がかけられていた。アフガニスタンに赴くことで、言論の自由を得たと考えたビン・ラーディンは、一九九六年八月二十三日にファトワを発表した。

「イスラムの民はシオニスト十字軍並びにその協力者によって課された侵略、不法、不正に苦しんでいることは、隠されるべきではない。イスラム教徒の血が最も安価で、敵の富は、彼らの手にある戦利品なのだ。イスラムの民の血はパレスチナとイラクで流されている。レバノンのカナの虐殺（一九九八年四月十八日にイスラエル国防軍が国連施設を襲撃し、約一〇〇名が死亡した事件）の恐ろしい写真は未だに記憶に新しい。タジキスタン、ビルマ、カシミール、フィリピン、ソマリア、エリトリア、チェチェン、それにボスニア・ヘルツェゴビナで虐殺が行われている。これらの虐殺に、体に悪寒がはしり、良心が苛《さいな》まれる。

イスラム教徒が被った最も最近の、そして、最大の侵略は、聖なる場所（サウジ国内のメッカ、メディナといった聖地）の占領である。アメリカの命令により、聖なる地の国の多くの学者が逮捕された。そのなかには著名なサルマン・アル・アウダー師、サファール・アル・ハワリ師が含まれる。私と私のグループもこの不正の被害を被っている。我々は、パキスタン、スーダン、それにアフガニスタンで追跡を受けている。これが私が長期にわたって表に出なかった理由だ。しかし、神の恩寵により、ホラサン（アフガニスタンの古名）のヒンドゥークシュ山脈のなかに隠れ家を確保できた。湾岸諸国への陸海空のアメリカ十字軍の駐留は、世界最大の埋蔵量を誇る油田地帯を脅かす最大の危険なのだ」

このように述べたうえで、サウジアラビアや他の国のイスラム教徒の女性にアメリカ製品の不買運動を勧め、イラクの子供たちの惨状を紹介した上で次のように続けている。

「アメリカよ、無辜《むこ》の子供たちの血が流れされたのはお前に責任がある。

抑圧と屈辱の壁を突き崩すことができるのは、弾丸の雨だけだ。

自由な人間は不信心ものや罪人には屈しない。

世界のイスラムの兄弟たちよ。パレスチナや聖なる地の諸君の兄弟が助けを求めている。そして敵に対する戦いに参加して欲しいと考えている。その敵とは、アメリカとイスラエルだ[52]」

こうして、ビン・ラーディンはアメリカとの聖戦を高らかに宣言したのである。彼がとくに重視していたのは、サウジアラビアへの米軍の駐留、それに、サウジアラビア国内での聖職者の逮捕であった。パレスチナ問題への言及も、この種の公式の声明では初めてであった。

しかし、これに慌《あわ》てたのがタリバンであった。スーダン同様に、サウジアラビアから警告をうけることになった。ビン・ラーディンはといえば、「用心深く行動する」とタリバンに約束していたにもかかわらず、その約束をすぐに破ったのだ。一九九七年三月にはCNNのインタビューに応じた。タリバンの指導者オマルは、おそらくはビン・ラーディンの身辺警護のためという理由で、彼をカンダハルに「招待」した。しかし、実際のところはビン・ラーディンを目の届くところに置いておくという意味があったと考えられる。

イラクとアルカイダの接近

この時期から、イラクとアルカイダの間には接点が見られる。当初は、アルカイダがイラクに多くの要員を派遣していた。それは、イラク政府側から協力を引き出すためであった。しかし、イラク側からの返答はなかったようだ。当時、サダム・フセインはサウジアラビアや他の湾岸諸国との関係回復に腐心しており、ビン・ラーディンからは距離を取った方が賢明であると考えていたと思われる。

しかし、一九九八年半ばから、イラク側からの働きかけが増加する。一九九八年三月のファトワの後に、アルカイダのメンバー二名がイラク情報部と会談を行うためにイラクに向かっている。七月には、イラクの使節団がアフガニスタンに赴き、まずタリバンに、次にビン・ラーディンと会談を開いている。それらの会談はアルカイダにおけるエジプト人の副官ザワヒリによって設定されたものであった。こうした会談は一九九九年も継続されていた。しかし、アルカイダによるアメリカへの攻撃をイラクが支援したという証拠は現在のところ発見されていない。

その一方で、ビン・ラーディンは、サウジアラビアや他の諸国の慈善家からの資金（ゴールデン・チェイン）を手にするようになっていた。そして、その資金はタリバンにも流れるようになった。指導者のオマルは、タリバンの他のメンバーが異論を唱えても、ビン・ラーディンを支持するようになっていた。

その結果、ビン・ラーディンはアフガニスタンにおける行動の自由を手に入れたのである。アルカイダのメンバーはビザなしでアフガニスタンの国外へ自由に出かけ、車両や武器を買い集めた。そしてアフガニスタン国防省のナンバープレートを使用した。アフガニスタン国有航空会社のアリアナ航空も、資金輸送のために用いた。

タリバンはアフガニスタンに軍事訓練のためにやってくる人間には誰にでも門戸を開いた。タリバンとの同盟はサウジアラビアに、戦士やテロリストを訓練して教義をたたき込み、武器を輸入し、他のジハードグループとの関係を強化し、テロの計画を練り上げる聖地（サンククチュアリ）を提供したのだ[53]。

アルカイダの組織は、アフガニスタンにやってくることで、大きく変貌した。それ以前は、アルカイダは、他のグループによって実行されるテロ活動に資金を与え、訓練を施し、武器を供給するというものであった。一九九八年からは、アルカイダが直接テロ活動を指揮し、実行するというスタイルに移行するのである。その新体制の下で、一九九八年八月七日のケニアのナイロビそしてタンザニアのダルエスサラームでのアメリカ大使館爆破事件であり、二〇〇〇年十月十二日の米艦コール襲撃事件、そして、二〇〇一年九月十一日の同時多発テロをビン・ラーディンは遂行していくのである。

ザワヒリとの出会いと先鋭化する反米感情

以上、オサマ・ビン・ラーディンとアルカイダの足跡を振り返った。その結果あきらかになったのは、第一に、ビン・ラーディンは初めからテロリストではなかったという事実である。八九年にソビエト軍がアフガニスタンから撤退した後も、ビン・ラーディンは聖戦（ジハード）の継続を望んでいた。

そこに大きな影響を与えたのが、エジプト出身のイスラム原理主義者アイマン・ザワヒリであった。中東の政治体制を打破する必要性を唱えたのはザワヒリであったが、これは、同じイスラム教国の政府に対して戦うということを含意しており、極めて過激な主張であった。イスラム教国を占領する外国勢力と戦うというアッザームのような古典的聖戦観の持ち主とは相容れなかったのも理解できる。しかし、ビン・ラーディンは、ザワヒリの過激な思想に徐々に感化されていくのだ。

ザワヒリのとりわけ過激な思想の根源には、エジプトでの経験がある。先にも述べたように、エジプトという国家は、世俗国家であり、宗教が国家を壟断《ろうだん》することを許さない。それどころか、エジプト当局にとって、ムスリム同胞団は、常に取り締まりの対象だったのである。

実際、ザワヒリも次のように述べている。「エジプトの監獄での屈辱と拷問。我々はさまざまな非人間的な扱いを見いだした。そこで、彼らは我々を打ちすえ、足で蹴り、電気ケーブルを使った。

彼らは我々を感電させたのだ。そのうえ、彼らは我々に野犬をけしかけた。そして、彼らは我々をドアの上の部分からつるしたのだ。彼らは、我々の妻を、母を、父を、妹を、息子を逮捕し、裁判にかけた。無実である囚人に心理的圧力を加えるためだ」[54]

つまり、エジプト人のイスラム原理主義者の思想には、祖国エジプトの公安当局による弾圧への怨念が染み通っているのである。

第二にこの足跡からあきらかになったのは、ビン・ラーディンのなかに、従来のような聖戦を戦うという意思と平行して、アメリカへの敵意ないしは憎悪が頭をもたげていたという事実である。ビン・ラーディンが、アメリカに敵意を燃やすようになるのは、湾岸戦争以降、米軍のサウジアラビア駐留以降である。実際、一九九二年十二月に米軍の駐留に反対するファトワを発し、アデンのホテルの爆破もアルカイダによるものとされている。しかし、このホテルの爆破事件が、後のナイロビ大使館爆破事件のようにビン・ラーディンが直接監督するような形態で行われていたとは考えにくい。メンバーの自発的なテロ活動を追認したというのが本当のところだったのではないだろうか。ナイロビ・ダルエスサラーム大使館爆破事件に際しては、五年程度の時間をかけて準備を行っていることを考えれば、違和感がある。

一九九三年のワールド・トレード・センター爆破事件も同様である。主犯であるラムジ・ユセフが、このテロ事件の動機としてあげたのは、アメリカがイスラエルを支持しているという点である。[55]つまり、反イスラエル、反米という動機が先にあったのであって、聖地に外国軍の存在が許容できないとする立場からの犯行ではなかったのである。

もちろん、ビン・ラーディンが、反イスラエルの立場に立つということはある意味必然であった。彼の精神的指導者であったアブドッラー・ユースフ・アッザームも、パレスチナ出身であり、ユダヤ人からのパレスチナの解放を熱心に唱えていた。実際、アッザームの未亡人も、アッザームとハマスとの関係を認めている[56]。

ここで少し脱線して、ハマスについて説明しておこう。ハマスとは、一九八七年に結成された過激なイスラム原理主義団体であり、元を辿《たど》ればパレスチナのムスリム同胞団の支部に行き着く。ハマスの攻撃目標は、基本的にはイスラエルであるが、パレスチナでの競合組織であるファタハに攻撃が及ぶこともある。基本的な支持母体は、海外で生活するパレスチナ人であるが、イランからの資金供給も受けている。その一方で、ファタハの支持母体は、サウジアラビア、クウェート、それに湾岸諸国である[57]。つまり、パレスチナにおけるハマスとファタハの抗争は、サウジアラビアを筆頭とする湾岸諸国とイランの代理戦争という側面もあるのだ。

話を元に戻そう。ハマスもアッザームも、パレスチナをユダヤ人から解放するというムスリム同胞団の思想的基盤を共有していた。ビン・ラーディンもパレスチナ闘争を支持する立場であったことは、九六年のファトワを見るまでもないだろう。

しかし、ビン・ラーディンにとって「最近の、そして、最大の侵略」は、米軍によるサウジアラビアの占領であったはずだ。パレスチナ問題が付け足しと言えばいいすぎであろうが、彼の動機の根本には、サウジアラビアへの米軍の駐留に対する強烈な反発があった。

とすると、ラムジ・ユセフとの共通点は、反アメリカという極めて政治色の濃い目的に求められることになる。ラムジ・ユセフやその叔父で同時多発テロを計画したハリド・シェイク・モハメドと手を組んだのは、「蛇の頭」であるアメリカに対して一矢報いたいという欲求がオサマを突き動かしていたためであった。しかし、その欲求とはオサマという個人の欲求だったのだろうか。アメリカに対する破壊衝動は、オサマの欲求であると同時に、その他大勢の欲求だったのではないだろうか。

これをインテリジェンスの言葉で置き換えると、「オサマ・ビン・ラーディンは自発的なテロリストというよりも、何者かのエージェント（代理人）であったのではないか」ということになる。ヒズボラが、イランの革命防衛隊や情報公安省のエージェントであるように、である。

それでは、ビン・ラーディンは誰のエージェントだったのだろうか。それを考えるうえで欠かせないのが、祖国サウジアラビアの動向である。

第六節　サウジ外交との奇妙な共鳴

サウジ国内で反発を招いた米軍駐留

「反米」というオサマのモチーフを共有していたのが、意外なことに、彼の祖国であるサウジアラビアであった。その過程を簡単に説明しておこう。

一九九〇年から一九九一年にかけての湾岸戦争は、軍事的には成功を収めた。クウェートを侵攻したイラク軍を、アメリカを中心とした多国籍軍が見事に撃破したのである。地域大国としてのイラクの中立化は、サウジアラビアにとっては好ましい結果であった。

この戦争の結果、湾岸地域におけるアメリカの軍事的プレゼンスは増大することになった。その一例が、サウジアラビアへの米軍の駐留である。小規模なものに縮小されたとはいえ、長期に及んだこの駐留は、一九九一年四月の国連安保理決議第688号によるものであった。湾岸戦争後、サダム・フセインは、イラク南部のシーア派と北部のクルド人に対して空軍と陸軍を派遣しており、その対応としてこの安保理決議が採択されたのだ。この決議では、アメリカに指揮された連合国は、この地域において相当程度の軍事力、とくに空軍力を維持することが定められていた。イラク南部の飛行禁止空域をアメリカが維持する際の主要な基盤となったのが、サウジアラビアに駐留する米軍であった。湾岸戦争の終結後、米軍の大部分は本国に引き揚げたが、駐留は戦争中だけだろうという当初の予想を裏切り、数千名が、二〇〇〇年初頭までサウジに駐留することになった。

この米軍駐留は最初から評判が悪かった。そのために、サウジ国内では、ワシントンとサウド家に対する批判は一層強まったのである。その一方で、アメリカは、湾岸戦争の結果、従来の政策を変更し、中東地域への直接的な戦略的関与を深めていた。湾岸戦争とほぼ同時期の一九九一年には、ソビエトも崩壊した。冷戦の終了という世紀の大事件により、あたかも、アメリカの一極構造が完成したかのようであった。サウジアラビアが、湾岸戦争の戦費を負担しただけでなく、国内への米軍の駐留も認めた背景にはこうした理由があったのだ。結局のところ、一九九一年以降に確立された秩序において、サウジアラビアが得た利益は少なかった。特に湾岸戦争の国内における影響、周辺諸国との政治的コストを考慮すればなおさらであった。

とはいえ、利益がなかったわけではない。サウジアラビアは、アメリカから大量の武器を購入した。一九九一年から一九九三年にかけて、一七〇億ドルに相当する購入契約が締結された。そして、サウジ国内の米軍の存在は、湾岸地域におけるイランの勢力を抑止することには役立っていた。しかし、サウジの王族は、新兵器の購入と米国との関係強化という利益に対して、国内でのより大きな抵抗運動に新たに直面することになる。

戦争の直後から、政府に改革を求める請願運動が相次いで起こされた。その後、イスラム主義者の反対活動が台頭する。戦争は、サウジ国民にサウジアラビアにおける改革の必要性に関して考えさせることになった。一九九一年初頭の最初の誓願は、四三名の著名人や政治家によって行われた。その内容は、民意の反映を促進させること、メディアの自由化、宗教警察の抑制という世俗的なものだった。同年五月には、五二名の署名によるより宗教色の濃い誓願がなされた。その誓願では政治と社会の一層の宗教化、イスラム法のより一層の遵守が求められていた。その後、アブド・アル・アズィズ・ビン・バズにより、宗教勢力の改革、イスラム教に基づく人権、富と機会の不平等を是正する経済改革を求める誓願が出された。バズは、サウジ国内で最も高い地位にあるワッハーブ派のイスラム指導者であった。

社会のさまざまな階層から寄せられたこれらの誓願は、サウド家の動揺を招いた。王室であるサウド家は、湾岸戦争での対米姿勢の点で、国民の支持を取り付けることに失敗していた。そこでサウジの国内にはさまざまな議論があふれることになったのだ。

これに対して、サウジアラビア政府は、一連の改革に乗り出した。一九九二年には、基本法の発布、諮問会議の強化などの改革が実行された。それと同時に、より声高に改革を叫ぶ、もしくは体制の脅威となる反体制派の弾圧が行われた。反体制派、なかでもイスラム原理主義者が次々と逮捕され、また反体制派の集会やモスクは厳しく監視されるようになった。ビン・ラーディンの亡命も、サウジ当局の取り締まりが背景にあった。国営メディアは、こうした反体制派の動きに批判的になり、反体制派の危険を喧伝《けんでん》するようになった。

しかし、反体制派の勢いは大きく、サウジ政府の反体制派への戦術は失敗に終わっていた。なかでもイスラム教徒の反対派は、一九九〇年代前半はこれまでにも増して積極的に活動していた。その一つの例が、一九九三年五月の合法的権利擁護委員会（Committee for the Defense of Legitimate Rights：CDLR）の創設であった。この組織は、知識人、宗教学者などによって創設され、イスラムの原則に基づいたサウジアラビア国内での人権の促進、イスラム法（シャリーア）の完全な実施を求めた。この組織はウラマー（イスラム法学者）らによってすぐに非合法であると宣言され、国家により禁止された。そのためにこの組織はおそらくは一層過激になった。国内で活動が行えなかったので、ロンドンに亡命し、サウジアラビアの腐敗や国内の政治的な陰謀に関する噂を振りまいたのである。一九九六年に後継組織によって引き継がれるまで、この活動はつづいた。

それよりも深刻であったのが、アルカイダやその他のイスラム原理主義団体の台頭であった。オサマ・ビン・ラーディンの言辞が過激さの度合いを増すと、彼の市民権は一九九四年に取り消された。ビン・ラーディンらはサウド家とアメリカに対して、そしてしばしばその両者の関係を公然と批判するようになった。彼がテロリストとして、スーダンを離れ、アフガニスタンに再び戻ると、サウジアラビアや西側諸国から積極的にジハーディストを募集した。一九九八年七月に、ナイロビとダルエスサラームでのアメリカ大使館にテロがひき起こされるときまでには、ビン・ラーディンの意図も、彼がアメリカにとって脅威であることも、あきらかになっていた。

当時、サウジアラビアはスンニ派過激派と同様にシーア派過激派によるテロの脅威にもさらされていた。最初の攻撃が、一九九五年十一月十三日のリヤドの米軍訓練施設への自動車爆弾攻撃であった。その結果、六名が死亡している。一九九六年には、サウジ東部のコバールタワーでのテロ事件で一九名の米軍兵士が亡くなっている。リヤドでの攻撃はサウジ国内のスンニ派の過激派によるものであった。かたや、コバールタワーはレバノンのヒズボラによるものであった。この攻撃はイランの最高指導者ハメネイにより承認を受け、情報公安省の協力を得て、革命防衛隊によって実行されたものであった[58]。

イスラエルに傾斜するブッシュ政権とサウジアラビアの衝突

そもそもアルカイダのテロ活動の最大の動機は、サウジアラビアにおける米軍駐留というサウジ・米国間の関係に由来していた。そのアルカイダの活動が、両国間の関係に打撃を与えたのだ。にもかかわらず、両国は緊密な二国間関係から逃れることもできなかった。

九〇年代の中東における安全保障上の懸念は、湾岸戦争を引き起こしたイラクと、反米の狼煙《のろし》を挙げるイランであった。[59]これに対してクリントン政権は、イランとイラクを同時に封じ込めるという政策を追求した。そのためには、カタールやアラブ首長国連邦（UAE）との関係強化に努めていたが、それでも、サウジとの関係も手放すことはできなかった。サウジアラビアにとっても、アメリカとの関係は、武器の購入先、軍事能力の展開、経済的なチャンスという面で、欠かすことのできないものであった。[155]相互に反目しながらも、別れることができないというのがサウジ・米国関係だったのだ。

米軍駐留に際して、アメリカから派遣された人員は、一九九七年には二〇〇〇名程度だったものが、二〇〇〇年には、七〇〇〇名に増加していた。にもかかわらず、サダム・フセインに対してアメリカが有効に対応できていないことにサウジ国内で批判が生じていた。サウジの一般国民の間でも米軍の駐留には否定的であった。その一方で、アメリカ国内では、サウジアラビア国内での人権状況に注目が集まっていた。

オサマ・ビン・ラーディンの地位は、過激化した若者の間では圧倒的であった。ビン・ラーディンがサウジの国内で全面的な支持を受けているというわけではなかったにせよ、米外交と米軍の駐留に対する彼の批判は、強く支持されていた。その一方でサウジの人権状況と、パレスチナの過激派に対するサウジの資金援助が、アメリカ国内でも反サウジアラビアという世論をかき立てていた。[60]

二〇〇一年に成立したジョージ・W・ブッシュ政権でも、アメリカとサウジアラビアの仮面夫婦のような関係は変わることがなかった。ブッシュ政権は、イスラエルに対する政策を大きく転換した。前任者のビル・クリントンとは異なり、二〇〇〇年のキャンプデービッド和平会談の不調、同年九月から始まったパレスチナのインティファーダ（武装闘争）によって、中東和平にエネルギーを注ぐのは好ましくないと考えるようになっていた。

そのために、アラブ・イスラエル間の問題にもブッシュはほとんど注意を払うことはなかった。しかし、アラブ・イスラエル問題は、サウジアラビア、ひいては中東諸国にとっては政治論争での最重要問題であった。公式には、サウジ政権は、ブッシュ政権の成立により、アメリカとの関係が更新され、強化されると考えていた。サウジの一般国民の水準では、イスラエル・パレスチナ問題は、相も変わらずトップニュースであり、アメリカの政策に対する怒りにあふれていた。というのも、アメリカは常にイスラエルを支持し、ブッシュ政権においてはその傾向が強まったと見られていたためであった。

二〇〇一年八月二十七日には、サウジアラビアのアメリカへの懸念は頂点に達していた。バンダル・ビン・スルタン駐米大使がホワイトハウスでブッシュ大統領と会い、アブドラ皇太子からの親書を手渡した。その手紙は、イスラエル・パレスチナの力学に対処できていない、そしてインティファーダが悪化するにつれて、暴力が日常化してしまっていると、アメリカ側の対応の失敗を強く叱責《しっせき》するものであった。ブッシュ大統領は、イスラエル・パレスチナへの対応の見直しを約束した。しかし、それにもかかわらず、この皇太子の手紙は、サウジアラビアとアメリカの関係が極度に緊張していたことを示している。これほど対立が深まったのは、七〇年代にサウジアラビアがアメリカに対して石油の禁輸措置を取って以来のことであった。

両国の関係が悪い意味でクライマックスを迎えたのは、言うまでもなく、その直後の二〇〇一年の同時多発テロ事件においてであった。この事件で注目すべきなのは、一九名のハイジャック犯の内、一五名がサウジアラビア国籍であるという事実であった。そのために、アメリカ国内のサウジアラビアへの見方はとたんに厳しいものになった。しかも数年間はその見方は変わることはなかったのだ。これは、ビン・ラーディンの狙いでもあったのだろう。彼は、アメリカとサウジアラビアの分断を狙っていたのだ[61]。

しかし、より深刻な問題が控えていた。サウジの資金が、ワッハーブ派のイデオロギーを広めるために使われており、その資金の一部が、アルカイダも含む過激派にも流れていたのだ。二〇〇二年に外交問題評議会が作成したテロ資金問題の報告書には、「アメリカ政府の官僚がはっきりと述べていないことをここであきらかにするのは価値のあることだろう。何年にもわたって、サウジアラビア国内の個人もしくは慈善団体が、アルカイダの最も重要な資金源であった。そして、やはり、長年の間、サウジ政府はこの問題に目をつぶってきたのだ」と記されている。同報告書は、サウジアラビア国内で、アルカイダのような組織が資金を集めたり活動する能力を抑止するための対策をサウジ政府が取ってこなかったことも指摘している[62]。あくまでも表向きは、サウジアラビア本国と仲違いしたことにはなっているが、ビン・ラーディンとアルカイダは、サウジ政府とは言わないまでも、サウジ国内の熱心な支持者に支援されていたのである。

エージェントとしてのビン・ラーディン

サウジ・米国の二国間関係が示しているのは、表面的には一九九四年にサウジアラビアの国籍を剝奪されたオサマ・ビン・ラーディンの活動が、実際のところはサウジアラビアの原理主義的世論に深く共鳴したものであったということだ。

オサマ・ビン・ラーディンのテロリズムに対する動機は、ワッハーブ派のイスラム原理主義に基盤があったことは否定できない。しかし、それ以前に、より深いところで祖国サウジアラビアのためという情熱に突き動かされていたようにみえる。サウド家を批判するのも、サウジアラビアへの祖国愛の裏返しだったのだ。

実際、九〇年代初頭においても、ビン・ラーディンがサウジのエージェントとして活動していたように見える実例が存在する。それが、ボスニア・ヘルツェゴビナ紛争である。この紛争に関しては、ビン・ラーディンの積極的な関与が見られたことは、先ほど述べたとおりだ。

注目すべきなのは、サウジアラビア本国もこの紛争には積極的に関与していたという事実である。一九九三年の春、アラブ世界は、アメリカがボスニア・ヘルツェゴビナのイスラム教徒を支援してくれるだろうと期待していた。それに加えて、メディアや共和党が主導する議会から当時の米国政府に強い圧力がかけられていた。一九九三年六月には、サウジアラビア情報部の部長を務めていたトゥルキー・アル・ファイサル王子がクリントン大統領と会談を行っている。トゥルキー・アル・ファイサル王子は、彼の叔父である当時のサウジ国王の顧問を務めていた。王子はクリントンにボスニアへの軍事援助において主導権を握るように求めた。しかし、アメリカ政府にはできない相談であった。というのも、アメリカが紛争当事者の一方に過度に肩入れすれば、ＮＡＴＯの結束に亀裂が生じるためであった。しかし、アメリカ政府はこのサウジアラビアからの申し出を重要視し、新たな戦略が構想された。それが、イスラム教徒側への武器密輸計画につながっていくのである。[63]
興味深いのは、同時期にイランもイスラム勢力に支援を行っており、この点でサウジアラビアとイランはバルカン半島における相互の影響力を巡って互いに争っているということだ。

ビン・ラーディンは、表向きは、サウジアラビアへの批判的言動を繰り返していたものの、ボスニア・ヘルツェゴビナ紛争において、サウジの情報部長であるトゥルキー・アル・ファイサル王子とまったくばらばらに行動していたとは考えにくいのである。

暴露されたカダフィ暗殺未遂

ムアンマル・アル・カダフィ大佐が、一九六九年にリビアの権力を掌握するまで、リビアは、十九世紀のイスラム信仰復興論者のムハンマド・イブン・アル・サヌシの子孫らによって支配されていた。カダフィ大佐も、政権獲得当初は、サヌシ派の宗教勢力の支持を得ることが重要だと考え、彼らに法律や宗教の面で影響力を行使することを認めていた。しかし、一旦権力基盤を確立すると、カダフィーは法学者らから距離を置くようになり、モスクを監視し、宗教上の寄付を国有化した。宗教勢力にひどい目を合わせたうえで、侮辱するだけではおさまらず、カダフィは、自らが唱える珍妙なイスラム信仰を喧伝《けんでん》するようになった。宗教的な正統からごくわずかな逸脱ですら大問題となる地域において、こうした信仰の改変は、冒瀆《ぼうとく》にほかならなかった。このカダフィ流のイスラム教に反対するものは、残忍に弾圧された。たとえば、サラフィ派の説教師であったムハンマド・アル・バシュティが、一九八一年にリビア公安機関によって拷問の末に殺害された事件がよく知られている。

原油による収入が潤沢な間は、イスラム教の聖職者の苦悩が、カダフィの統治に対する広範な抵抗運動をかき立てることはなかった。しかし、一九八〇年代に入り、原油価格が下落すると、教育を受けたリビア人は、リビアの体制による異質なイスラム教の教義、誰の目にもあきらかな腐敗、経済運営の失敗を後悔するようになっていた。

加えて、サウジアラビアは、一九八〇年代から過激なワッハーブ派民兵への支援を強化していた。一九八七年には、それらの内九名が処刑されている。九名の内三名が軍の士官であった。

他のアラブ諸国と同様に、国内での反体制派の抑圧によって、多くのリビアのイスラム民兵は、アフガニスタンでのソビエトとの戦いに参加することになった。一九九〇年代初頭に、彼らの一部はリビアに戻り、一部は、ビン・ラーディンとともにスーダンにわたった。これらのリビア出身のアフガン帰還兵は、ムスリム同胞団や、解放党（ヒズブッタフリール）との接触は避け、自分たち自身のネットワークを構築していた。その目的は、聖職者の特権を回復することではなく、カダフィ体制を転覆させ、イスラム国家を樹立することにあった。リビア国内での失業者の増大、生活物資の不足、一九九二年の国連安保留決議による制裁措置によって、リビアでは革命の機が熟していた。

しかしながら、スーダンでビン・ラーディンの元に身を寄せていたリビア人帰還兵らは、スーダン国内でカダフィに対する武装組織を結成することが許されなかった。それは、一つには、当時リビア国内でスーダン人が約一〇〇万人出稼ぎに出ていたためであり、一つにはスーダンにおけるアルジェリア人の民兵がリビアの砂漠地帯を経由することをカダフィが黙認していたためであった。

しかし、一九九三年のリビア軍の反乱事件により、スーダン政界の有力者アル・トゥラービーは、カダフィの命運は尽きたと判断し、リビア人に対する規制を撤廃した。しかし、リビア系アフガン帰還兵によるカダフィへの武装抵抗運動は失敗に終わった。

そのために、カダフィはスーダン政府に対して、リビア人の工作員を国外に追放するように求め、その一方で何千名ものスーダン人労働者を国外に追い出し始めた。その結果、スーダン政府からの依頼を受けたビン・ラーディンは周辺のリビア人にスーダンから出て行くように求めた。この際に、ビン・ラーディンから裏切られたという印象を持ったリビア人も多かったようだ。

しかし、一九九五年九月には、ベンガジで公安部隊とイスラムゲリラの間で激しい衝突が生じた。その数週間後に、リビアイスラム戦闘集団（Libyan Islamic Fighting Group：ＬＩＦＧ）という組織から、カダフィの政権が「全能の神の信仰に対して不敬を働く背教者の体制」であるとする声明が発表された。そして、ＬＩＦＧは、現体制の転覆を「神の信仰による最重要責務」であると宣言したのだった。この宣言自身は、ロンドンのアフガン・リビア人により発表されていた。アフガン・リビア人は、英国で政治亡命が許可されていた。というのも、一九八八年のパンナム機一〇三便のテロ事件以来、英国ではリビアに対する反感が根強かったためである。

このＬＩＦＧの作戦に英国政府が関与していたという問題が、現在も論争の焦点となっている。一九九六年二月のカダフィ大佐暗殺未遂事件では、ＬＩＦＧは、英国の情報機関から一六万ドルの支援を受けているということが、元ＭＩ５士官のデヴィッド・シャイラーにより暴露された。シャイラーの主張それ自体は、まだ確証されていないが、ＬＩＦＧがロンドンを兵站・資金確保の拠点としていることを黙認していたのはあきらかだろう。いずれにせよ、ビン・ラーディンによる資金供給の方がはるかに重要であった。一九九七年九月七日付けのアル・ハヤト紙によれば、ＬＩＦＧは、ビン・ラーディンから、戦場で死んだ民兵一人当たり五〇万ドルを受け取っていたとされる。[64]英国情報部との共同作戦であったかは不明だが、ビン・ラーディンが、リビアのカダフィ大佐暗殺に際してＬＩＦＧに協力していたことは事実だろう。

リビアもそのことを十分に承知していた節がある。というのも、ビン・ラーディンに対する最初の国際指名手配書は、一九九八年四月十五日にリビア内務相の要請で発行されているためである。その容疑は、一九九四年三月十日のドイツの防諜機関である憲法擁護局（ＢｆＷ）の職員とその妻の殺害であった。[65]

当時のカダフィ大佐は、それだけＬＩＦＧとその背後にいるオサマ・ビン・ラーディンのことが恐ろしかったのだろう。二〇〇一年のアメリカ同時多発テロの後で、ジョージ・Ｗ・ブッシュ大統領の対テロ戦争に諸手を挙げて賛成し、親米国家に寝返ったのである。[66]

こうしたリビアでのカダフィ体制への攻撃は、イスラム原理主義という立場からはうまく説明できないように思われる。反米という立場からすれば、ビン・ラーディンとカダフィ大佐の立場は近いはずだからだ。むしろ、ビン・ラーディンのＬＩＦＧを用いたリビア工作は、サウジアラビアのリビアに対する敵意と軌を一にするものだったのではないだろうか。ここで想い起こすべきなのは、一九七九年にメッカのモスク立てこもり事件に際して、手厳しくサウジアラビアを非難していたのは、リビアのカダフィ大佐であったという事実である。サウジアラビアのリビアへの敵意の延長線上に、ビン・ラーディンのカダフィ大佐暗殺の支援があったとみる方がより自然なのではないだろうか。

ビン・ラーディン殺害の真相

これまで述べてきたボスニアやリビアの事例においてサウジアラビアの意向とビン・ラーディンの行動が奇妙に一致していることを示した。これから推察されるのは、表向きは母国であるサウジアラビアと対立していてもなお、ビン・ラーディンは祖国のために戦っていたという可能性である。

このことを裏付ける新たな事実を暴露したのが、調査報道で名高いシーモア・ハーシュである。ハーシュは、二〇一五年五月二十一日付けのロンドン・レビュー・オブ・ブックス誌上で、『ビン・ラーディンの殺害』という記事を発表しているのだが、そのなかで、ビン・ラーディンの所在の発見から暗殺までアメリカがすべて独力で行ったとするホワイトハウスの公式見解は「偽り」であると主張している。

ハーシュの説明によれば、ビン・ラーディンの所在場所に関しては、パキスタン軍統合情報部（ISI）の関係者からの情報提供によりあきらかになったというのだ。当時パキスタン政府は、ビン・ラーディンの保護に関してサウジアラビアから資金を提供されていた。サウジアラビアは、ビン・ラーディンの所在場所が暴露されるのを好まなかった。その理由は彼がサウジアラビアの人間であるからであって、パキスタンに彼の所在を隠すように依頼していたのである。そのためにパキスタンに膨大な資金を提供していた。つまり、ビン・ラーディンは死ぬ直前まで祖国サウジアラビアから間接的に保護されていたのである。

それに対して、アメリカは、パキスタンの軍と情報機関のトップをあるときは懐柔し、またあるときは武器供与の停止をちらつかせて恫喝《どうかつ》することで、ビン・ラーディン殺害を認めさせたというのがハーシュの主張の大まかな骨子であった[67]。

しかし、ビン・ラーディンが、サウジアラビアにとって邪魔な人間であれば、パキスタン政府に秘密裏に暗殺を依頼することもできたはずだ。それにもかかわらず、ビン・ラーディンの身元の安全をパキスタンに依頼していたということは、サウジアラビアのビン・ラーディンに対する引け目があったと判断せざるをえない。これは裏を返せば、サウジ政府は、背後ではビン・ラーディンの業績を認めていたということだろう。

二〇一一年のアメリカ同時多発テロに、サウジアラビア政府が公式に関わっていたとする証拠は発見されていない。それに、テロ直前に、サウジ政府とビン・ラーディンとの間になんらかの接触があったという証拠もない。ビン・ラーディンと当時のサウジ政府の間には、なんの関係もなかったのだろう。にもかかわらず、サウジ政府とビン・ラーディンの間には暗黙の同意が存在していたようにも見える。サウジ国内の反米という世論を体現していたという意味では、ビン・ラーディンはやはりサウジアラビアのエージェントだったのだ。

第七節　分裂するサウジのアイデンティティー

なぜサウジは親米であり反米なのか

　言うまでもないことだが、サウジアラビアはサウド家という王室により統治されている。サウド家とワッハーブ派イスラム教との関係は、サウド家がワッハーブ派を守り、ワッハーブ派はサウド家の王位の正当性を承認するというものだ。サウジアラビアはワッハーブ派のイスラム法（シャリーア）の解釈を受け入れ、イスラム聖職者が、教育その他の分野で強い発言権を持つ。宗教指導者が国政における要職を占め、王室のメンバーと婚姻を結ぶ。サウジ国王は、湾岸戦争の際に米軍に協力を求めるといった重大な決定を正当化するのに宗教指導者に支援を求める。そして、王室であるサウド家は、自らを信心深いスンニ派のイスラム教徒であると主張することで、アラブ民族主義や、共産主義、それにイランのシーア派イスラム原理主義のような外部のイデオロギーに対抗してきたのだ[68]。

　これはヨーロッパ中世の国家が、ローマ教会から統治の正当性を保障され、その一方でローマ教会が、教皇領の寄進などによって封建諸侯によって支えられるという図式とよく似た構図である。宗教が、国家統治の正当性を認め、その一方で国家がその宗教とその布教を支援するということだ。サウド家とワッハーブ派のイスラム教聖職者らは、相互に支え合ってきた。実際、二十世紀初頭に現在のサウジアラビアが成立する際には、ワッハーブ派は軍事力としても大きな貢献を見せているのである[69]。

つまり、石油資源を元にした莫大な富と、ワッハーブ派イスラム教が、現在のサウジアラビアを支える二つの大きな大黒柱であるといえる。しかし、残念なことに、サウジアラビアの統治を担当するサウド家へのサウジアラビア国民の支持が薄いのだ。中東の各国で行われた自己のアイデンティティーをどこに求めるかという世論調査において、サウジアラビアは、自分はイスラム教徒だと答えたのが四七％、アラブ人だと答えたのが、三四％、サウジアラビア国民と答えたのがわずか一九％であった。サウジアラビア、エジプト、ヨルダン、レバノン、モロッコ、アラブ首長国連邦全体の統計では、イスラム教徒だと答えたのが二九％、それぞれの国民であると答えたのが三二％、アラブ人だと答えたのが二五％、コスモポリタンと答えたのが四％であった。この全体の傾向から見ても、サウジアラビアの場合、イスラム教徒であり、アラブ人であると答える比率が突出して大きいことがわかる。同じ王政の国家であるヨルダンでは五八％がヨルダン国民と答えていることから、サウジアラビアの国家としての求心力が極端に小さいことがわかるだろう[70]。

国民の国家への求心力が小さければ、国家は求心力を高める必要がある。サウジアラビアの場合は、自国の統治の正当性をワッハーブ派のイスラム教によっていた。そのために、サウジアラビアは、潤沢な資金を用いてワッハーブ派の信仰を対外的に広めることで、サウド家の統治の正当性を獲得しようとしたのだ。平和を保ち、政治の分野ではサウド家の独裁制を維持するために、宗教的な勢力範囲を拡大させることが必要だったのである。

サウド家は、基本的には、アメリカとの関係を重視している。その一方で、ワッハーブ派の勢力拡大にも関心を持たざるをえない。それが、サウジアラビアという国家の親米であり反米であるという両義性を生み出している。つまり、サウジは、一方で、米国の同盟国でありながら、他方では、イスラムを蹂躙《じゅうりん》するかに見える米軍の駐留は許せないという反米の世論が支配的な国家なのだ。

オサマ・ビン・ラーディンが、サウジアラビアの国籍を剥奪され、公的にはサウジ王国から糾弾されていたが、それでも、サウジで最も裕福な一家と言われている彼の家族や、トゥルキー・アル・ファイサル王子が属する、王家のなかでも最大派閥であるスデイリ家とも密接な接触を保っていた[71]。さらに、多くの金融機関、トゥルキー王子の兄ムハンマド・ビン・ファイサル・アル・サウード王子が一九八一年に創設したダール・アル・マール・アル・イスラミー（ＤＭＩ）や、国王の義理の弟が設立したダッラ・アル・バラカを筆頭とするイスラム系金融機関[72]、それにサウジアラビアのイスラム共済組織である国際イスラム救援組織（ＩＩＲＯ）などのイスラム系国際ＮＧＯ[73]が、アルカイダなどのイスラム過激派の活動を影から支えてきた。

二〇〇一年九月十一日のアメリカ同時多発テロに対して、アメリカは報復を組織的に開始したが、アメリカ軍がタリバンを叩きのめすために自らの領土に上陸することをサウジアラビアは拒んだのである。実際、二〇〇一年十月には、内務相のナーイフ王子は、「いかなる西側諸国の汚い軍事作戦も、サウジ政府がシャリーアに従うことを妨げることはできない」と述べている[74]。そして少なくとも事件の直後の段階では、ビン・ラーディンのテロ関与を疑う捜査でも、国内の過激派を刺激することを恐れて、アメリカに協力しなかった[75]。サウジアラビアという国家は、ワッハーブ派のイスラム教に正当性を求める国家であり、そのイスラム教を信じる国民の世論にも強く影響される。したがって、反米という強い世論にもあらがうことはできなかったのだ。ビン・ラーディンの「反米」は、サウジアラビアの分裂したアイデンティティーに由来していたのだ。

サウジ国内に浸透するイスラム過激派

同時多発テロ以降は、アメリカからの圧力もあり、サウジアラビアのイスラム過激派への支援は相当程度下火になった。少なくとも政府間ではアメリカとサウジアラビアの関係は良好であり、サウジ政府も本格的な対テロ対策に乗り出したためである。これに対して二〇〇三年五月十二日にはアメリカの警備要員の住居に対して自爆テロが遂行され、さらに、同年十一月八日にはリヤドで自爆テロが繰り返された。五月のテロ事件では七人のアメリカ人を含む三四名が死亡し、十一月のテロ事件では、一七名が死亡、一〇〇名が重軽傷を負った。十一月のテロ事件の被害者は、そのほとんどがサウジアラビア国民であったために、国内で同情を招くことはなかった。サウジ当局も摘発に乗り出し、大規模なテロのネットワークの存在が暴露された。その後、テロ対策はアメリカの助力も得て本格化することになった[76]。

しかし、二〇〇三年のテロ事件の真相は深刻なものであった。治安機関の一般職員の間には、テロ組織の大義への深い共感が共有されていただけでなく、アルカイダのメンバーがサウジアラビアの治安組織の内部に浸透していたのである。その結果、内部情報が漏洩することになった。二〇〇四年には、リヤドの対テロ組織本部に対して自爆攻撃が行われ、十二月には内務省それ自身が攻撃の対象となった。これらの攻撃は、あきらかに治安組織の内部に内通者がいたことを示している。誰をいつ狙えばいいのかが事前にテロの実行犯に知らされていたのだ。そのうえ、治安組織とテロ組織の間にはなんらかの協力関係すら存在していた可能性が濃厚であった。二〇〇四年のヤンブとコバールにおけるテロ事件では、治安組織が対応したのは事件発生からなんと九〇分後だったのである[77]。

結局のところ、イスラム過激派という毒が、サウジアラビア国内にも染み渡ってきたということなのだ。

アメリカを初めとする西側諸国は、サウジアラビアという同盟国の防衛のために、サウジ国内の内情には見て見ぬ振りをしてきた。そうして、原理主義の芽が伸びていくのを見過ごしてしまったのである。

第五章

イスラム国の起源
─過度の残虐性はなにに由来するのか

第一節　イスラム国の三つの謎

イスラム国は、アブ・バクル・アル・バグダディをトップとする最高指導部の下に行政組織を置き、二〇一四年六月には指導者を「カリフ」と主張して国家樹立を宣言した。人質を殺害する映像を公開するなど、残虐性が際立っている。

イスラム国は〇四年ごろに「イラクのアルカイダ」を名乗っていたが、シリア内戦で軍事力を強化。一三年に「イラク・レバントのイスラム国」と変更し、一四年六月からイスラム国と称している。国際社会は認めていないが、シリア東部やイラク北部で支配地域を広げている。

〇一年に米中枢同時テロを引き起こしたアルカイダですら支配地域は持たなかった。それに対して、イスラム国は、常に国家を意識して活動している点で大きく異なる。シリア北部の油田地帯のラッカを首都とし、イラク北部の石油生産拠点を制圧している。さらには、身代金や原油密売など資金を獲得するパイプが多様なこともその特徴として挙げることができる。

配下の武装勢力の司令官は、多くがサダム・フセイン政権時代のイラク軍の出身者とされる。戦車を操縦する能力を持つ戦闘員がいるなど、過激派とは桁違いの軍事組織を保有する。

つまり、イスラム国は、単なる過激派というわけではなく、国家に準ずる組織であると言える。その実態は、多くが謎に包まれたままだ。

イスラム国が抱える多くの謎に答えるために、ここでは、まず、イスラム国が我々に提示している大きな疑問を取り上げることとしたい。その疑問は、次の三点に集約することができる。

一　イスラム国はなぜ残虐な行為におよぶのか

イスラム国は、かつては身代金目的で外国人の誘拐などを行っていたが、米国などが一四年に空爆を開始すると、誘拐の目的は空爆停止へと変化した。要求が受け入れられない場合、人質を殺害し、その映像をネット上に公開する。さらに、人質だけでなく、政治的に従属しなければ同じイスラム教徒であっても容赦なく処刑し、その様子を公開するほどの冷酷さを発揮している。この非道な冷酷さはなにに由来しているのだろうか。

二　イスラム国はなぜ宣伝が巧みなのか

近年はインターネットなどで世界各国に、戦闘に参加するよう呼びかけるのもこれまでの過激派組織にはなかった大きな特徴である。イスラム国のネット情報に影響を受けた欧米をはじめとする約八〇か国から数万人の戦闘員がイスラム国に参加している。戦闘員として欧州から渡航する者はイスラム系諸国からの移民の二、三世が中心とされ、動機は労働環境などへの不満があると指摘されている。しかし、移民の二、三世を突き動かした巧みな宣伝活動はどこから生まれたのだろうか。

三　誰がイスラム国を支えているのか

イスラム国はアブ・バクル・バグダディの下で極めて分権化された構造をとっている。二人の首相が率いる二つの政府が、イラク領とシリア領で彼の命令を実行している。さらに、政府を構成する「省」として、戦争省、情報機関、財務省、法務省、行政省、広告省、戦闘支援省が設置されている。これは、二〇〇八年にイスラム国の前身である「イラクのアルカイダ」が事実上一旦壊滅していることを考慮すれば、イスラム国を支援する勢力の存在を前提としないわけにはいかなくなる。

ここで、改めて想い起こすべきなのはビン・ラーディンのテロ活動が、彼の祖国であるサウジアラビアの外交と奇妙な一致を見せていたということだ。主体としてのイスラム国に注目するのではなく、客体としてのイスラム国に改めて目を向ける必要がある。言い換えれば、イスラム国とは何者かのプロクシ（代理）なのではないかという可能性を考慮しなければならないということだ。

以上に挙げた三つの問題をこれから順に取り扱うこととしたい。最初に取りあげるのはイスラム国の残虐性の起源である。まずは、ビン・ラーディンから叙述を開始することにしよう。

第二節　ビン・ラーディンの負の遺産

九・一一がイスラム過激派の大きな分水嶺

自分はごくありふれたイスラム教徒やアラブを代表しているだけだと常々口にしていたビン・ラーディンは、ありとあらゆるものを犠牲にして憚《はばか》らなかった過激派グループとは異なって、殺人に関しては一線を画していた。オサマに関するかぎり、そのテロ計画は、それでも人道主義の趣《おもむき》をとどめており、彼は、それをイスラム教徒以外の人にも適用した。ビン・ラーディン一族の話によれば、母親やその他親族が人の道に外れたことをやめるように懇願したとき、標的となるべき正当な理由を持った軍事施設以外狙ったことはないと自己を弁護している。彼が口癖のように唱えていたのは、「今まで子供は殺したことはないし、今後もない」というモットーだった。また、あるときには、「我々に間違ったことなどできるわけがないではないか。我々が求めているのは、奴らを我々のこの土地（サウジアラビア）から追い出すことだけだからだ。軍に対しては、軍のやり方を使うまでだ」とも語っている。[1]

しかし、オサマがスーダンを逃れてアフガニスタンに潜伏していた頃、アル・ザワヒリは、すでにオサマに強い影響力を行使するようになっており、アルカイダの方向付けや戦略の決定にも重要な役割を担っていた。またオサマの宣戦布告の作成についても意見を述べ、布告後数か月後のうちに一般市民の殺害、とりわけ、アメリカ人の殺害に関してアルカイダのスタンスを変えるように強く求めていた。[2]

一九九六年以降、オサマの言葉の端々に、アル・ザワヒリの影響をはっきりと読み取れるようになった。あるテレビのインタビューでオサマは次のように語っている。「アラブ世界のメディアは、私の発言には一般市民の殺害にエスカレートしかねない危険があると報じていますが、それでは、あの連中は、パレスチナで一体誰を殺しているのでしょう。あの連中は子供を殺している。一般市民ばかりか、子供すら殺しているのです。（中略）私たちの敵、私たちの標的は、神がイスラム教徒にその機会を与えてくださったとしたら、すべてのアメリカ人男性にほかなりません。直接私たちに攻撃を加える軍人と合衆国に税金を払っているだけの一般市民という区別などあり得ないのです」

そして、一九九八年八月七日に、アルカイダは、ケニアのナイロビと、タンザニアのダルエスサラームに置かれたアメリカ大使館にテロ攻撃を仕掛けた。これは、アメリカ人だけでなく、女性を含む現地の住民をも殺傷するものであった。アメリカ国務省の発表では、ケニアでは二九一名が死亡し、約五〇〇〇人が負傷した．その大部分がケニアの市民であった。このうちアメリカ市民は一二名が亡くなり、六名が負傷した。ナイロビでは一〇名のタンザニア市民が亡くなった。そのうち七名は大使館の職員であった。そして七七名が負傷した。[3]

さらに、二〇〇一年のアメリカ同時多発テロにおいては、約三〇〇〇名が亡くなっている。そのなかには、ハイジャックされた四機の航空機の乗客や乗務員、アメリカ国防省の職員、世界貿易センターでの被害者が含まれる。

これは無差別殺人と言っても良く、従来の軍だけを相手にしているのだという言い訳はもはや通用しなくなっている。

そして、重要なことは、このプロセスで新たなテロのルールが成立したように見えることだ。ケニアやタンザニアの大使館、それにアメリカの同時多発テロ事件でも、被害者のなかにイスラム教徒はいたはずである。それでも、これらのテロ活動が肯定されるとすれば、これらの事件以降、アメリカの攻撃のためならば、イスラム教徒の命は失われても構わないという考え方がイスラム過激派の間で受け入れられるようになったということでもある。その意味では、二〇〇一年九月十一日は、イスラム過激派のテロにとっての大きな分水嶺であった。

第三節　過剰な暴力の誕生

イスラム国の残虐性はイラク戦争とその後の混乱が起源

最近のイスラム国に関する文献を見て気がつくのは、どの文献もイスラム国の残虐さに関しては、非常に詳しく解説しているが、イスラム国の残虐さがどこに由来するのかを明白に記しているものは少ないということだ。それは、イスラム国だけを歴史的文脈から切り離して議論するためであると考えられる。結論から言えば、イスラム国の過度の残虐性は、二〇〇三年に始まったイラク戦争とその後の混乱に直接的な起源を持っている。ここではまずイラク戦争の混乱を振り返っておこう。

まず、イラク戦直後の混乱は、イラク国内のスンニ派勢力のテロ活動から始まっていることを指摘しなければならない。バグダッド陥落から四か月ばかり後の二〇〇三年夏に起きた二つの事件は、スンニ派によるジハードが反欧米と反シーア派という二重の方向性を持っていること示していた。八月十九日、バグダッドの国連事務所が「殉教作戦」によって破壊され、国連事務総長の特別代表であるブラジル人外交官セルジオ・ビエイラ・デ・メロとそのスタッフ二十数名が亡くなった。その十日後、シーア派の主要聖地の一つナジャフでシーア派の宗教指導者であるムハンマド・バーキル・ハーキムが彼の支持者とともに自爆攻撃で殺害された。彼はイラクイスラム革命最高評議会の議長だった。このイラクイスラム革命最高評議会は、一九八二年に、イランにおいて、イランに戦争捕虜として抑留されたイラク人によって結成されたシーア派の政党であった。

時期的に接近したこの二つの華々しい作戦は、その後の事態の推移の主調低音となった。これ以降、外国人やシーア派の殺害が極めて頻繁に起こるようになり、そうしてついにシーア派民兵も二〇〇五年春から反撃を始めた。とりわけ、二〇〇六年二月、シーア派の最も神聖な聖廟の一つサーマッラーの黄金モスクがテロによって爆破されるに至って報復合戦が激化する。[4]

それでは、なぜスンニ派はシーア派に攻撃を仕掛けたのだろうか。スンニ派の反乱勢力が外国軍と戦っていたのはイラクがアメリカの思うような形で再編されることを阻止するためであった。もしそれを許せば、シーア派とクルド人の連合が新生イラクの大半を握り、南部のシーア派地域と北部のクルド人地域に偏在する石油資源の大部分をコントロールすることになる。そもそも、サダム・フセインの時代にはスンニ派イスラム教徒がイラク全土を支配していたのである。アメリカの構想が実現されれば、スンニ派は石油を産出しない西部に押し込められることになる。逆に、政治的に不安定な状況を維持しておけばアメリカのそうした構想を挫折させることができる。

そのためにはまず外国の企業や投資家に恐怖を抱かせることだ。暴力が横行すれば石油資源の新規開発もできないし、そうすれば、石油収入の受益者に指定されたシーア派とクルド人が利益（彼らは開発が始まる前からその利益を山分けしていた）を受け取れないようにできる。一方、まだ操業している油田は宗派や部族が組織した民兵が支配し、密貿易で利益を得ていた。一部にはバース党やジハード主義のイデオロギーに基づいた戦略を持っていたものもいただろうが、蜂起を支援していたスンニ派のエリートの短期的な目標は、スンニ派を権力と石油収入から排除する政策をアメリカに考え直させることにあった。[5]

もはや分裂の修復が不可能なイラク

二〇〇五年夏以来、スンニ派の目標は実現されることになる。バグダッド駐在の新しいアメリカ大使ザルメイ・ハリルザードが、スンニ派と接近して彼らに権力の一部を与え、スンニ派勢力の一部に選挙に参加するように働きかけたのである。ハリルザード自身は、アフガニスタン出身であり、パシュトゥン族のスンニ派教徒であった。ハリルザードの説得を受けて、一月の制憲議会選挙を大々的にボイコットしたスンニ派住民は、十月十五日の憲法制定のための国民投票に参加した。しかし、スンニ派には不利なイラクの連邦化を追認し、将来の石油収入の利益にあずかれなくする憲法案を阻止することはできなかった。それでもかれらは十二月の立法議会選挙にも参加した。ムスリム同胞団のイラク支部で、審議会に議席を獲得したイラク・イスラム党のように、選挙に参加したスンニ派政党にはいくつかの大臣ポストが割り当てられた。シーア派・クルド人の大臣と同じようにスンニ派の大臣も管轄下の政府機関をグループの専有物のようにあつかい、家族や部族に公務員のポストを分配し、自分たちの宗派・部族だけで固めてしまった。二〇〇六年の間ずっと暴力はやむどころか激化する一方だった。選挙は国の分断化を追認する結果になり、おのおののグループの個別的なアイデンティティーを強く主張する政党を勝利させた。そのために国民的一体性は損なわれることになり、社会の包括的プロジェクトを政治の世界で議論することはできなくなった。[6] つまり、アメリカによる全部族・集団の融和を図ったイラクへの民主制の導入は、かえってイラクを分断するという皮肉な結果に終わったのである。

議会は、イスラム主義者に独占されてしまった。イラクの宗教勢力は社会全体をイスラムの指導下に置くよう要求するということはなかった。しかし、バグダッドではスンニ派のイスラム主義者たちはシーア派に対する敵意を募らせていたし、シーア派の方でも同様だった。そのために宗派間の溝は深まり、その対立はもはや後戻りすることができないほどであった。それに、それぞれのグループは武装組織を持とうとしたから、本来の目的とは無関係に、暴力が一旦生じると、それは連鎖的に伝播《でんぱ》するようになった。それにシーア派でもスンニ派やクルド人でも政治は犯罪とないまぜになっており、他人の財産の強奪や恐喝が横行していた。イラクにおいて国家はもはやばらばらになった社会のうえにのせられた人工的な機関でしかなく、公共秩序を維持したり、富を再配分する役目を果たしていなかった。[7]

一般市民の殺害が政治力となる悲劇

この時期のイラク国内でのテロの被害は、圧倒的に連合国とイラク国防軍であり、一般市民の被害は平均すれば、九・五％であった。そして一般市民のうち、被害に遭う確率が高かったのは、占領への協力者や大学の教官、医師、法律家などであった。[8]

イラクがこのように内乱状態に陥ったのは、まず、周辺各国からイスラム民兵が流入したためである。イラン側の民兵もイラクの占領軍やイラク治安部隊に対して激しく攻撃を仕掛けたことは先に述べたとおりだが、たとえば、サウジアラビアからも、流入はつづいていた。短期的に見れば、これはサウジアラビアにとってはメリットがあった。イスラム過激派が、バグダッドに出て自爆テロを実践するのであれば、サウジ国内のテロの危険が少なくとも短期的には減少するためである。

実際、二〇〇四年十一月には、サウジアラビアの宗教指導者アル・ハワリと、アル・アウダがほかの二六名のサウジの聖職者と並んで、宗教上の声明を発表した。その声明は、イスラム教徒がイラクにおける聖戦に参加することを強く促すものだった。聖戦への参加は「正当な権利であるだけでなく、宗教上の義務だ」とされたのである。[9] 彼らがサウジアラビア政府からなんの制約を受けていないことからも、イラクへの国内の過激派の導入が、サウジアラビアの国策であったことがわかる。アメリカにとってのイラクは、旧ソビエトにとってのアフガニスタンのようなものであったと考えればわかりやすいだろう。

アメリカを中心とする連合国やイランの治安部隊に対して盛んに自爆攻撃が仕掛けられていくなかで、今度はイラク国内の諸勢力の間での抗争も激化した。つまり、イラク内戦の本質を一言でいえば、さまざまな武装集団が、イラク国内の権力と資源を巡って互いに争っただけでなく、その武装集団の内部でも争いが拡大したという点にある。当時のイラクには、少なくとも二〇の武装集団が存在した。旧バース党員、イラクのスンニ派武装組織（一九二〇年革命旅団、サラ・アル・ディン・アル・アユービー旅団）、イスラム聖戦組織（イラクのアルカイダ、アンサール・アル・スンナ軍）、イラクのシーア派（マフディ軍、バドル旅団）、クルド人ペシュメルガの組織、それにさまざまな部族による組織や犯罪集団が跋扈していた[10]。

国家権力を巡る競争相手が数多く見られるなかで、そして互いの能力が不明である状態では、一般市民への攻撃は、野心的な武装集団が自らの政治的な強さを見せつける強力な手段となる。自らの政治力を示すために一般市民に対する攻撃が激化することになったのである[11]。

第四節　イラクのアルカイダの台頭と崩壊

ザルカウィのテロ戦略とその誤算

このなかで大きく台頭したのがアブ・ムサブ・アル・ザルカウィ率いるイラクのアルカイダである。この組織は元来はメソポタミアのアルカイダと自称していた。ザルカウィは、ヨルダンのザルカという町の生まれで、本名はアフマド・ファディール・ナザール・ハラーイラである。密売人をやり、入れ墨を入れて前科もある不良少年であったザルカウィは、ほかの多くのものと同様に刑務所でイスラム主義の啓示を受けた。一九九九年六月九日に刑務所から出獄したザルカウィは、アフガニスタンの訓練キャンプに入り、それからイラン経由でイラクに入国した。その際、クルド人地区を通過し、そこで地域のイスラム主義運動を組織する手助けをした。それから、アメリカ侵攻で生じた混乱に乗じてスンニ派のアラブ人地域に入り、自らの才能を蜂起に捧げた。[12]

ザルカウィが見せた才能は、まず宣伝の点に見られた。彼は二〇〇四年十月に、ビン・ラーディンに忠誠を誓う。しかし、ビン・ラーディンがイラクに潜伏するザルカウィと連絡をとることは不可能であったから、その後もザルカウィは大きな行動の自由を持っていた。だからビン・ラーディンへの忠誠といっても行動上の制約はほとんどなかったようだ。しかし、アルカイダのブランド名を用いたテロ活動は大きな反響を呼ぶことになったのだ。[13]

さらにザルカウィは、ジハード主義に新たな方向性を与えた。彼は一九八〇年代のアフガニスタンにおける戦争以来の伝統と、二十一世紀初頭のアルカイダの手法を結合した。つまり、アフガニスタンのジハードからザルカウィが引き出したのは、現地のムジャヒディン（聖戦士）と外国人ジハード主義者を統合し、一定地域内の住民と良好な関係を保ち、その協力を得て、内部を自由に動き回りながら占領軍と戦うという手法であった。アルカイダからは、テレビで見栄えのする「殉教作戦」優先の傾向をまねた。これはレバノンのヒズボラが、パレスチナやイスラエルで行ったゲリラ闘争、さらにハマスやイスラムジハード運動がイスラエルに対して行ったゲリラ闘争に呼応するものだった。第二次インティファーダと共通する行動様式を採用することは、プロパガンダという面では一番重要だった。実際、反イスラエルの自爆テロはアラブ・イスラム世界で広く支持されていたためである。[14]

しかし、メソポタミアのアルカイダのリーダーが提供する光景はジハード主義の利益を損なうようになる。ザルカウィが犠牲者に対して加える暴力の激しさは度を超していたし、ネットでアラブ系テレビ放送で流される外国人・イラン人人質の尋問・処刑シーンを見ると、ザルカウィがそこに倒錯的な喜びのようなものを感じているように思われた。そのために、アルカイダというブランド名の管理責任者であるアイマン・ザワヒリが二〇〇五年七月にザルカウィに送った書簡で指摘したのは、ザルカウィの残酷な行為の誇示は敵を畏怖《いふ》させる以上に、同調者になるかもしれない人々を動転させているということだった。[15]結局のところザルカウィは、混乱の続くイラクという限定的な状況で、殺戮を繰り返すことで政治力を誇示するという戦略を採用していた。その戦略は、当時のイラクにおいてのみ有効であったにもかかわらず、ザルカウィはその戦略に深く荷担しすぎたのだ。世界中に広がるイスラム教の信徒にとってみれば、シーア派といえど立派なイスラム教徒なのであって、シーア派殺害を信仰の行いとするザルカウィの行為は世界中のイスラム教徒から批判を浴びることになった。ザルカウィは、当初はイラクのスンニ派住民の支持を得ることには成功したが、やがてメディアで拡散される残虐な映像によって、世界中のイスラム教徒から忌み嫌われるようになってしまったのだ。

そこにつけ込んだのがアメリカ当局である。スンニ派指導者の一部に政権参加の機会を与え、そこから物質的な利益を引き出せるようにしようとしていた。そのために、ザルカウィとスンニ派有力者を離間させ、ザルカウィを孤立させたうえで、スンニ派有力者と交渉しようとしていた[16]。

これに対して、メソポタミアのアルカイダが取った対応がイラクをさらに混乱のるつぼにたたき落とすことになるのである。

シーア派への大規模攻撃にスンニ派からも非難の声

ザルカウィは難局を打開するために、二〇〇六年二月二十二日、サーマッラーの黄金モスクのドームを破壊した。そこには十二イマームの一人の墓があり、マフディー（イスラム教における救世主）が姿を隠したとされる洞窟の入口があった。つまりこれはシーア派信仰にとって最も崇敬される聖地の一つであった。だからこの黄金モスクの爆破は信者たちの強い怒りをひきおこした。このうえもない冒瀆行為に対してシーア派組織の民兵は敵共同体（スンニ派）のモスクや聖地を遠慮なく攻撃するようになった。シーア派の攻撃があまりに、大規模であったために、暴力が暴力を呼び起こすという負の連鎖がうまれた。それまでは単に宗派間抗争と呼ばれていたのに、これを契機に内戦という言葉が口にされ始めたのである。

ザルカウィの計算では、こうした事態になればスンニ派の団結心が高まり、グループのリーダーのなかでも最も過激な人物の元に人々が結集するはずであった。しかし、多数派（シーア派）の敵意が激化したために少数派（スンニ派）はあまりにも危険な立場に置かれてしまった。また異なった住民グループが混在する地域はあまりにも危険になったので、人々はそこから脱出して同一宗派だけがいる地域に逃げだそうとしたのだが、移動自体も苦痛に満ちたものであったし、それにともなって虐殺も生じた。こうしたことから一部のスンニ派グループは、このままでは自分たちがイラクで大虐殺にあうかもしれないと考え、ザルカウィは中期的には自分たちの生存にとって脅威となっているという結論を引き出した。孤立したザルカウィは自己弁護するために宣伝活動を始める。彼は身を危険にさらしながら、特定可能な場所で、武器を手にしてカメラの前に現れる。そして密告によってアメリカ軍が彼の居場所を特定し、二〇〇六年六月七日、ザルカウィを殺害する。

しかし、彼が殺害されても暴力は静まるどころか、激化する一方だった。その年の夏と秋にはテロや暗殺は増加し、時には一日一〇〇名以上の人が死に、占領開始以来、最悪の季節となった。七月には多国籍軍、イラク政権関係者、民間人に対して約三五〇〇件の攻撃があり、アメリカ軍と同盟軍がイラクに入って以来、最も死人の多い月となった。バグダッドの死体置き場も二〇〇二年には、月当たり一二〇体だったのが、この月には一七〇〇体という記録的な数の遺体を収容した。[17] 一旦始まった負の連鎖はなかなか治まらなかったのだ。

当然のことだが、こうしたイラクのシーア派住民に対する攻撃は、イラクのアルカイダの名声を貶《おとし》めることになった。スンニ派住民だけでなく、アルカイダのアイマン・アル・ザワヒリからの批判も招いた。ザワヒリからの批判は、イラクのアルカイダは否定しているものの、自らの評判の下落を招いたのだった。

イラクのアルカイダから「イスラム国」へ

二〇〇六年一月には、イラクのアルカイダは、ムジャーヒディーン諮問評議会（Mujahideen Shura Council：ＭＳＣ）と呼ばれる上部団体を創設していた。[18] その目的は、失われたイラクのアルカイダへの支持を回復することであった。この組織のリーダーはイラク人とされた。ザワヒリがヨルダン人であったことを考慮すれば、これはザルカウィを指導者にはしないということを意味していた。これ以降、イラクのアルカイダは、テロ攻撃をＭＳＣの指示によるものだと主張するようになった。

しかしながら、イラクで最大の武装集団はＭＳＣに参加することを拒絶した。イラクのイスラム軍（the Islamic Army in Iraq）と、アンサール・アル・スンナ軍（the Army of Ansar al Sunna）は、ＭＳＣとは独立して活動していた。彼らは自殺攻撃や一般市民へのテロ攻撃に反対していた。そのために、イラクのアルカイダとイラクのイスラム軍の間の衝突も見られた。アンサール・アル・スンナ軍にしても、過去でこそイラクのアルカイダとの協力関係がみられたものの、ＭＳＣには加盟しなかったのだ。[19]

二〇〇七年に入ると、イラクのアルカイダに批判的なスンニ派の武装集団やシーア派の団体が、「イラクの息子たち」を創設した。「イラクの息子たち」は、連合国にイラクのアルカイダの武器の保管場所や民兵の居場所を通報した。その結果二五〇〇もの武器が破壊され、八〇〇名以上の民兵が殺害された。それに加えて、アメリカ軍の三万もの増派部隊が、イラクのアルカイダに対する作戦を着実に実行していった。その結果、数十名のイラクのアルカイダや、ＭＳＣといった他の過激派の指導者たちを追い詰めていった。イラクのアルカイダの幹部は多くが殺害されるか逮捕された。イラクのアルカイダは、人的資源も、武器も、支持基盤も失い、活動を遂行することが困難になった。

二〇〇八年一月八日には、イラク軍と米軍は、「ファントム・フェニックス」作戦、「ニナワ」作戦、それに「モスル」作戦で、四六〇〇名の民兵を殺害もしくは捕獲し、三〇〇〇もの武器の保管所の位置を特定し、それらの武器を破壊した。イラクのアルカイダの最後の拠点となったディヤーラー県に対しては、二〇〇八年七月二十九日に「富の易者」作戦において、米軍とイラク軍それに「イラクの息子たち」がディヤーラーを包囲し、イラクのアルカイダは事実上壊滅した。

しかし、イラクのアルカイダの残虐性は、「イラクのイスラム国」に、そして、「イラクとシリアのイスラム国（ＩＳＩＳ）」に引き継がれる。相次ぐ処刑や自爆テロは、そのイデオロギーとは関係のない政治闘争の手段であった。こうした非妥協的な戦略が採用されることで、イラクのアルカイダの内部で人命の軽視を生んだといえる。

第六章

イスラム国はなぜ宣伝が巧みなのか
―「アラブの春」とアメリカの中東政策の転換

次にイスラム国はなぜ宣伝が巧みなのかという問題について考えてみたい。中東諸国は、ナセルの時代のエジプトを見るまでもなく、伝統的に対外的な宣伝に長けていた。イスラム国も何万ものアカウントを用いて自らの宣伝に用いていることはすでによく知られていることだろう。それに、「アラブの春」においても、フェイスブックなどのソーシャル・ネットワーク・サービス（SNS）がしばしば活用されていた。

確かに、ツイッターやフェイスブックを用いることで、これらの運動が従来に比べてはるかに容易になったことは間違いない。しかし、問われなければならないのは、これらの最新のIT技術を誰がなんの目的で中東諸国に普及させたのかということだ。IT技術の普及がなければ、イスラム国が海外のイスラム教徒に直接聖戦に参加するように呼びかけることもできなかったはずだからである。

結論から言えば、中東諸国にIT技術を普及させたのはアメリカであった。そして、その背景にはアメリカの中東政策の大転換があった。このアメリカの政策転換という観点から「アラブの春」を再考するならば、そこにはまったく別の構図を見て取ることができる。「アラブの春」とは、オフショア革命、テンプレート革命だったのである。

第一節　オバマ大統領の中東政策

軍事的強硬路線から融和策への転換を示したカイロ演説

ジョージ・W・ブッシュとバラク・オバマの中東政策の間には大きな隔たりがある。前者は、無知とキリスト教原理主義により、イスラムを軽蔑していた。後者は、センチメンタリズムと宗教的融合という観点から、イスラムに融和的であった。アメリカ大統領の個人的資質、背景となる信条の違いから、アメリカの中東政策も大きく転換することになる。

ブッシュ政権は、軍事力により中東の問題を解決しようとしたのだとすれば、オバマ政権は、昨日までの敵を、将来の味方に組み入れることで対応しようとしたのだと言える。この政策転換は、オバマ大統領自身の演説のなかに見いだすことができる。ここでは、二〇〇九年六月四日のエジプトのカイロ大学での演説からオバマ政権の中東政策を跡づけておこう[1]。

まず、一読してわかるのは、オバマ大統領のイスラム教への融和的な姿勢であろう。この演説の冒頭の部分で、オバマ大統領は次のように述べている。

「私がここカイロにやってきたのは、アメリカと世界中のイスラム教徒の間の新たな始まりを見いだすためなのです。そしてその始まりとは、アメリカとイスラムは、相互に排除し合ったり、競合する必要はないという真実に基づいたものなのです。競合するどころか、アメリカとイスラムは重複し、共通の原理、すなわち公正と進歩、それに寛容さとすべての人間の尊厳という原則を共有しているのです」

こう述べた後で、代数学へのイスラム圏文明の貢献に言及し、さらに、米国を最初に承認したのがモロッコであったという歴史的事実を指摘したうえで次のように述べている。「米国の自由は、信教の自由と切り離すことができません。米国の各州にはモスクがあり、全国では一二〇〇か所にみられます。ですから、米国は、若い女性がヒジャーブ（イスラム教徒の女性が用いる顔を隠すベール）を着用する権利を裁判所は擁護していますし、この権利を否定する人を罰しています。ですから、イスラムは米国の一部であることは疑いないのです」

ここまで読めば、前任者のブッシュ大統領とは異なり、オバマ大統領は、イスラム教への深い理解とイスラム教への融和的な姿勢の持ち主であることが確認できるだろう。

しかし、双方の間には緊張の源も見られるとし、次の七つの問題を提示している。これを列挙すると、一.イスラム過激派の問題、二.パレスチナ問題、三.イランの核問題、四.民主主義の問題、五.宗教的自由の問題、六.女性の権利、七.経済発展とその機会となる。

イスラム過激派の問題として、オバマ大統領が主張するのは、二〇〇一年のアルカイダによる同時多発テロの非道さと、その後のアフガニスタン戦の正当性であった。イラク戦に関しては「（米国の）選択による戦争」であったことは認めたうえで、それでも、サダム・フセイン統治下よりも、イラクの人々はよりよい生活が送ることができると弁護している。そしてイラクでの米国の目的を「よりよい将来を創造すること」と「イラクをイラク人に委ねること」であるとし、米軍のイラクからの早期の撤退を約束している。

パレスチナ問題に関しては、イスラエル、パレスチナ双方の言い分を認めたうえで、二か国の平和共存という構想を提示している。ブッシュ大統領の時代であれば、イスラエルへの肩入れがあきらかだったので、この点では大きな政策変更といえるだろう。

さらに、イランの核問題に関しては、モサデク政権クーデターといった冷戦時のエピソードに言及しながらも、オバマ大統領は「数十年にわたる不信を解消することは困難だが、勇気と実直さ、それに決意をもって前進したい」と述べ、イランとの交渉に前向きな姿勢を見せている。そして、核兵器には強く反対しながらも、「核不拡散条約の下でイランが責任を果たすかぎり、イランを含めたいかなる国家も、平和的な核エネルギーへにアクセスする権利を持つ」と主張している。

オバマ大統領の挙げた問題の最初の三つを紹介した。当然なのかもしれないが、その後、オバマ大統領は、この演説に忠実に政策を実行している。実際、米軍は、イラクから早期に撤退した。パレスチナ問題では、パレスチナとイスラエル双方の併存を主張し、イスラエルとの関係は悪化した。そして、二〇一五年九月の段階で、アメリカはイランとの核協議を完成させつつある。

それでは、四番目の論点である民主主義に関してはどうだったのだろうか。カイロ演説で、オバマ大統領は「私は、すべての人々は次の事柄を希求しているという確固たる信念を持っています。その事柄とは、思うことをはっきりと言う権利、どう統治されるべきかという点に関して発言する権利、法の支配への信頼、公正平等な行政、透明で国民から盗みを働かない政府、自分が好きなように生きる自由であります。これらはアメリカ的な考え方ではありません。これらは人権なのです。そして我々は、この人権を至る所で支援するつもりです」と述べている。結論から言えば、この発言が具現化したものが「アラブの春」だったのである。

ブッシュ・ジュニア以前のアメリカの中東政策は現状維持

実際のところ、北アメリカから中央アジアまでを含む拡大中東地域（Greater Middle East）における民主化を初めに構想したのはジョージ・W・ブッシュ政権であった。その背後には九・一一の同時多発テロがあったことは言うまでもない。ブッシュ大統領は、第二次大戦後十一代のアメリカ大統領が維持してきた中東における現状維持政策を放棄したのである。ここで改めて、ジョージ・W・ブッシュ政権以前のアメリカが中東における現状維持勢力であったということを示しておこう。

アメリカが中東における現状維持勢力として現れたのは、第二次大戦終了時にまでさかのぼる。一九四五年に、フランクリン・ルーズベルト大統領は、紅海の米国船上で、当時のサウジアラビアのアブドゥラジズ・アズィズ・イブン・サウドとの間で会談を開き、アメリカが、サウジアラビアの安全保障と領土保全を引き受ける一方で、サウジアラビアは石油を合理的な価格で西側に輸出することを保証した。一九四六年には、ハリー・S・トルーマン大統領は、核による恫喝で、ソビエト軍を北西イランから撤退させた。一九五三年には、アイゼンハワー政権は、イランのモサデク首相と彼の共産主義者の同盟者であったツデー党を転覆することで、シャーの体制を維持した。一九五五年には、サウジアラビアが、英国の支持を受けていたオマーンからの攻撃をかわすのに協力した。一九五六年には、短期間で終了したスエズ戦争において、英国とフランス、それにイスラエルをシナイ半島から撤兵するように介入した。一九五八年には、エジプト主導のアラブ連合共和国によるレバノン併合の動きを軍事的に阻止した。さらには、汎アラブ主義の過激派によるヨルダンのハシェミット朝を転覆しようとする試みも阻止した。

その一方で、中東でのアメリカの現状維持努力は、イスラエルの防衛にも向けられていた。そして、一九六七年以降、アメリカのイスラエルへの関与は、アメリカの中東政策の中核となるに到った。

しかし、アメリカの努力にもかかわらず、中東における国際秩序は幾度か変更を余儀なくされた。一九五二年には、エジプトのクーデターで君主制が打倒され、ナセルを中心とする自由将校団の政権が成立した。一九五八年には、英米が参加したバグダッド条約は、イラクの君主制が打倒されたために瓦解した。バグダッド条約の他の構成国、すなわち、イラン、トルコ、パキスタンは、中央条約機構（CENTO）と呼ばれるより緩い機構に再編された。一九六五年にはイエメンのイマームが打倒され、一九六八年には南イエメンが共産主義国として独立した。一九六九年にはリビアの君主制が打倒され、汎アラブ主義者のカダフィ大佐による政権が成立した。一九七一年には、英国はスエズ以東（アブダビとドバイ）から撤退し、ペルシャ湾沿岸は新たな脅威にさらされることになった。

一九七〇年の中頃までには、アメリカは、ニクソンドクトリンと呼ばれる新たな中東政策を採用していた。この地域でのアメリカの同盟国であるイランとサウジアラビアが、中東の治安維持活動を担当するように求められたのである。しかし、この取り決めは短命であった。というのも、この構想の大黒柱であったイランが、一九七九年のイスラム革命以降、新たな脅威となったためである。さらに一九七九年にはアフガニスタンの共産政権が、当時のソビエトに軍事支援を求め、アフガニスタンに対するソビエトの軍事侵攻が始まった。

その一方で、この時期に、イスラエルと他のアラブ諸国との間で四度にわたって戦争が勃発した。しかし、これらの戦争の結果は、パレスチナのものとされていた領土のイスラエルの管理下への移転であった。さらに、北アフリカではアルジェリア独立戦争がフランスの能力を枯渇させていた。アルジェリアが独立すると、フランスはNATOから脱退し、アメリカが維持しようとしていた勢力均衡はさらに打撃を受けることになった。また、一九七五年から十五年も続いたレバノン内戦も、シリアがレバノンにおける軍事的プレゼンスを維持する口実となった[2]。

楽観的すぎた拡大中東構想と民主化

一九八〇年から一九八八年の間に起きたイランイラク戦争も、他の湾岸諸国、とくにサウジアラビアとクウェートにとっては脅威となった。この戦争は、歴代のアメリカの政権が直視してこなかった問題を改めて提起することになった。それは、アメリカと同盟国の国益を守るために、どの段階でアメリカは軍事力を行使するべきなのかという問題であった。

このイランイラク戦の過程で、イランが、クウェートのタンカーに対してミサイルを発射し始めると、レーガン大統領は即座に報復する決定を下した。米海軍のタスクフォースがペルシャ湾岸に派遣され、アメリカ国旗を掲げるクウェートタンカーを保護した。イラン側がタンカーにミサイルを発射し、アメリカ側の覚悟のほどを試すと、米軍は反撃し、イラン海軍の艦船の半数を撃沈し、イランのオフショアの石油採掘施設のいくつかを破壊した。イランの最高指導者が、なにが起きたのかを理解するまで数週間かかった。イランはクウェートに対する攻撃を停止しただけでなく、国連に提示された停戦案を受け入れた。当時のイランの最高指導者であったホメイニは、バグダッドを征服してエルサレムに向かうという約束を破棄し、「毒杯を仰ぐ」と述べてイランイラク戦争を終結させたのだった。

一九八二年以降、レーガン政権は本質的に防御的な姿勢を改めた。先に述べたアフガニスタンでのイスラム聖戦士への支援もその政策転換の一環であった。これはトルーマン政権の時代に確立した封じこめ政策に取って代わるものであった。共産主義勢力に対する反撃政策は、南米でも、ニカラグアやエルサルバドルでの反共勢力の支援となって実現した。しかし、一九八七年のイランに対する攻撃は、中東における敵対勢力に直接攻撃を加えた最初の事例であった。

とはいえ、基本的には受け身であった中東政策が大がかりな軍事介入に転換するのは、イラクのクウェート占領に始まる一九九一年の湾岸戦争以後のことであった。この戦争によって、アメリカは、クウェートを解放し、現状を復旧することに成功した。レーガン大統領が、イランを封じ込めることで満足したように、ブッシュ（シニア）大統領もサダム・フセインの体制を転覆することはなかった。それは一つには、レーガン大統領もブッシュ（シニア）大統領も、ホメイニやサダム・フセインの体制を転覆することに対してアメリカ国内の十分な支持が得られないと考えていたためであった。一九八七年のイランの攻撃についても、アメリカ議会で議論されたものではなく、機密作戦に準じる形で実施されたものであった。一九九一年の湾岸戦争についても、上院は一票差で可決したものであり、民主党議員の間には反対が根強かった。こうした消極的な姿勢を根本的に覆したのが、二〇〇一年の同時多発テロだったのである。[3]

ブッシュ・ジュニアの外交政策の方向性は、二〇〇一年の同時多発テロへの対応とそれに引きつづくアフガニスタン、イラクでの戦争によって規定されていた。この一連のプロセスのなかで、拡大中東地域の民主化という構想が具体化されていくのである。

ブッシュ大統領が述べていたのは、民主化こそイスラム過激派のテロに対する長期の解決策なのだということであった。実際、二〇〇五年末に、全米民主主義基金（the National Endowment for Democracy：NED）において、ブッシュ大統領は、「テロとの戦いにおける我々の戦略の鍵となる要素は、憎悪と後悔を中東全域の民主主義と希望で置き換えることで、今後の過激派のリクルートを阻止することである」と述べている。民主主義はテロリズムを衰えさせる。というのも、「この地域の人々が自らの運命を選ぶことを許されたのなら、そして、自分自身のエネルギーでもって前進し、自由な人間として社会に参画することができれば、過激派は周辺的な存在となり、世界への暴力的な過激主義の流出の速度は弱まり、次第に停止する」ためである。そして、このことが、逆に、アメリカの安全保障を促進することになる。「他者の希望と自由を代表することによって、我々は我々自身の自由をより安全なものにすることができる」のである。[4]

しかしながら、アフガニスタンやイラクの民主化に関しては、とくにイラクでは内戦が過激化していたこともあり、当初アメリカ政府が想定していたほど容易な事業ではないことがあきらかになった。

第二節　アラブの春

長期政権の打倒とスンニ派の台頭

その意味では、「アラブの春」は、中東の民主化が自然発生的に具体化した一連の事件であったようにみえる。

まず革命の波は、二〇一〇年のチュニジアから始まった。この事件は、アラブの独裁者たちだけでなく、アメリカやヨーロッパの民主的指導者を驚かせた。チュニジアのベンアリ大統領が失脚し、エジプトのムバラク大統領がそれにつづいた。その後、バーレーン、リビア、シリア、そしてイエメンでも不穏な情勢に陥った。

西側諸国は、リビアに関しては軍事介入を行い、エジプトでは体制変革に向けて政治的圧力をかけ、バーレーンでは、サウジの後ろ盾による厳しい取り締まりを黙認した。

「アラブの春」に関しては、まさにイラク戦こそがその直接の契機であったとする見解もある。つまり、アメリカによって遂行されたイラク戦が、中東の人々の間での民主主義の渇望を刺激したのであって、「第二次大戦以来、西側諸国の軍事史におけるまれに見る価値ある勝利」であったというのだ。[5]

しかし、疑問は残る。どのような背景から、西側諸国が、リビアに対しては軍事介入を行い、エジプトに対してはムバラク体制の打倒を支持する一方で、バーレーンでは反政府活動の抑圧を無視するという分裂病的な対応を取るに到ったのだろうか。

ここでその謎を解くために、もうすこし細かくアラブの春のプロセスを振り返っておこう。ベンアリ大統領の下でのチュニジアは、立憲民主連合を与党とする世俗的民主主義国家であったが、最大の特徴は二十三年にわたる長い任期であった。エジプトのムバラク大統領は、軍を背景とする三十年にわたる長期政権を維持していた。エジプトは先にも述べたとおり、ムスリム同胞団を弾圧する世俗的な国家であった。それが、アラブの春を契機に、ムスリム同胞団が合法化され、選挙によるムスリム同胞団に所属するムハンマド・ムルシーがエジプト大統領に就任することとなった。後にムルシー政権は軍によって再び倒されるが、一旦はスンニ派の政権が確立したと見ることができる。リビアに関しても、カダフィが四十年以上最高指導者として君臨していた。リビアにおけるイスラム教はカダフィの個人的嗜好によって方向付けられた正当派とは言えない教義を信奉していた。シリアのバシャール・アサド大統領はアラウィ派に属する少数派イスラム教徒であり、シーア派のイランとレバノンのヒズボラとの関係が深い。したがって、アサド政権の転覆はスンニ派の勝利を意味していた。バーレーンに関しては王室がスンニ派であるが、国民の大多数がシーア派である。

こうしてみると、アラブの春においては、中東の長期政権が倒されているということと、スンニ派が勢力を増す方向で事態が推移していたことが確認できる。とくに、このスンニ派勢力の台頭に対して、アメリカを中心とする西側諸国がゴーサインを与えていたとみれば、西側諸国の対応にも実は一貫性があったことがわかるのである。

サイバーによるアメリカの関与

とはいえ、アラブの春に関しては、西側諸国、とくにアメリカの関与を認めないわけにはいかない。チュニジアの元ユネスコ大使メツリ・ハダードは、チュニジアにおけるアラブの春を手厳しく非難しているためだ。[6] いわゆるジャスミン革命は、「即興的な大衆による革命だったのではなく、アメリカ政府の戦略に従って計画され、指示され、見事に編成された陰謀」であったというのである。

アラブの春で政権が崩壊した国々は、先に述べたように長期政権であり、それぞれの国民の不満が高まっていた可能性は高い。したがって、アメリカ政府の意向によってのみアラブの春が引き起こされたとするならば言い過ぎということになるだろう。しかし、ハダードの主張を検討すると、これまでは見過ごされていたアメリカの活動が浮かび上がるのである。

まず、ハダードが挙げるのは、サイバー反政府派、サイバー協力者の存在である。サイバー反政府派とは、ツイッターやフェイスブックなどの新しいコミュニケーション手段を利用して、市民権を確立し、検閲を回避して、独裁者を倒し、表現の自由を利用することで、イスラム教の国に民主主義を移植しようとする個人を指す。さらに、サイバー協力者は、自発的に外国のために働くことを受け入れ、自分のフェイスブック上での連携の方が、国家組織へのつながりよりも強固な個人のことであるとされる。つまりは、グローバル化し、新たな文化に順応した個人であり、彼らの表面上の世界市民主義や解放運動は、文化的にも政治的にも疎外されていた従来の反対制派のありかたとは一線を画すものだ[7]。

このような個人も、「アラブの春」に参加していたのだから、その実質が純粋にそれぞれの国内にあったということはできない。得体の知れない組織、グループ、NGO、それに個人が、しばしば、チュニジアからは数千キロも離れた世界中から、チュニジア革命にバーチャル面から参加していた。サイバー協力者の一人であるスリム・アマムーは、恥じることもなく、また自らの発言の重大性を考慮に入れることもなく、「チュニジア革命に参加したのは全世界だ」と実に無邪気に述べている。また、サイバー活動家のナディーン・ワハーブは、ワシントンの自分のオフィスから、エジプトの若者を指導していた。つまりアラブの春とは、純粋に民族的な古典的な革命とは異なり、多国籍革命だったのであり、オフショア革命だったのである。

チュニジア政府が、このように遠隔操作された革命の危険性を理解したとき、インターネットの検閲を実施することで事態を沈静化しようとした。インターネット空間では、活動家のスローガンが叫ばれ、蜂起の指示が回覧され、その指示をアルジャジーラがさらに拡散させていた。沈静化させられたのはチュニジア政府だったのである。チュニジア政府のサイトを攻撃したのは、ハッカー集団のアノニマスであった[8]。

しかし、サイバー協力者を支援し、指導したのはアノニマスだけではない。

それ以外にもテレコミックス（Telecomix）という組織が、チュニジアのサイバー戦に参加している。この組織は二〇〇九年にスウェーデンで結成され、二〇〇九年六月には、失敗に終わったものの、イランを攻撃している。[9]

ハダードは、アノニマスというハッカー集団がアメリカで生まれていることと、彼らが敵視する体制が、イラン、中国、ベネズエラ、ジンバブエ、チュニジア、アルジェリア、エジプト、シリア、リビア、イエメンといったアメリカに反抗的な国家であることから、アメリカの関与を疑っている。[10]

ハダードの議論は、一見したところ奇想天外な議論に見えるかもしれない。サイバー反体制派の存在は、過大評価されているのではないかという反論もあるだろう。この点をエジプトの政変の分析を通じてさらに考えることにしよう。

第三節　エジプトの政変

非政府団体による民主化を促したランド研究所の報告書

エジプトの政変に関しては、かなり以前からアメリカ政府によって検討されていた。二〇〇八年には、ランド研究所は、アラブ地域における民主主義を促進するというアメリカの立場に関して研究を行っている。この研究はペンタゴンに向けられたもので、「ケファヤ運動、草の根改革運動のケーススタディ」という報告書としてその結果が公表されている。[11]

ここで報告書のタイトルになっている「ケファヤ運動」について少し触れておこう。ケファヤ運動とは、ムバラク政権末期の二〇〇四年頃にエジプトで誕生した反政府運動の一つである。当時、エジプトのムバラク大統領は、二〇一一年の大統領選で息子のガメルへの世襲を考慮しており、それに対して国内の反発が強まった。これに対して当時のエジプトの政界には、与党に対して異を唱える野党はなく、ムスリム同胞団のような強力な組織は活動を禁止されるか、活動を阻害されていた。そこでエジプト国内に「ケファヤ（変化）」をキーワードに、さまざまな反対運動が生まれた。たとえば、「民主的変化のための国民大会」、「変化のためのジャーナリスト」、「変化のための医者」、「変化のための知識人」、「変化のための作家」、「変化のための若者」といった組織が数多く生まれた。なかでも「変化のためのエジプト人運動（The Egyptian Movement for Change：Kefaya）」、つまりは「ケファヤ運動」は、最も知名度が高く、広い支持を受けていた団体であった。「ケファヤ運動」は、長年続いている戒厳令の停止、現体制の権力独占の終了、権力の委譲を可能にするシステムの創設を求めた。その結果、十数回のデモを組織することに成功し、エジプト国民の間に広く行き渡っていた体制への恐怖を払拭することには幾分貢献した。しかし、「ケファヤ運動」は、大多数のエジプト国民を動員することはできなかった。「ケファヤ運動」のイデオロギー的基盤の狭さ、散発的な活動、組織内部での論争が、「ケファヤ運動」へのエジプト国民の支持を失わせることになった。そのために、二〇〇八年までには、「ケファヤ運動」はその魅力の多くを失ってしまったのである。[12]

ランド研究所の報告書に話を戻せば、その冒頭には次のように記されている。「アメリカはアラブ世界の民主化に関心を寄せてきた。とりわけ、サウジアラビア、アラブ首長国連邦、エジプト、レバノン出身のテロリストによる二〇〇一年九月の攻撃以後はとりわけであった。この関心は政治的暴力とテロリズムを削減する努力の一環であった。（中略）アメリカは民主化を追求するに当たってさまざまな手段を用いてきた。そこには軍事的手段も含まれる。たとえ、異なる理由から開始された軍事行動であっても、その目的の一つには、民主的政府の確立があった（柏原注・イラク戦のこと）。しかし、それぞれの国に固有の改革運動の方が、自国の民主化を推進するためには最適なのである[13]」

この報告書では、さらに「この地域における現在のアメリカへの否定的評価を考慮するなら、アメリカによる改革運動への支援は、非政府、非営利団体により遂行されるのが最も適している」と述べられている[14]。つまりは、この報告書は、アメリカ政府は、非政府組織により改革者に訓練の場を提供するように促しているのである。その訓練には、異なる組織との同盟の組み方や民主改革を推進するにあたって、組織内部の意見の相違にどう対処すべきかといった手法も含まれる。さらには、この報告書では、ＩＴ技術の潜在能力にも言及されており、アメリカ政府に、改革者がＩＴ技術を習得し、利用できるように援助することを推奨している。たとえば、アメリカの企業に、こうした地域の通信インフラを投資するようにインセンティブを与えることも提言されている。

そして、アメリカ政府が道具として用いた非政府団体として、研究者が指摘するのが全米民主主義基金（ＮＥＤ）であり、自由の家（フリーダム・ハウス）であり、ジョージ・ソロスのオープン・ソサエティ・インスティテュートである。それ以外にもインターナショナル・リパブリカン・インスティテュート、ナショナル・デモクラティック・インスティテュートなどが先に挙げたチュニジアにおいて積極的に活動していた。[15] そして、これらの組織の活動を背後から支えているのがアメリカの国務省であり、国際開発庁（USAID）なのだ。[16]

中東協力イニシアティブ（MEPI）からの資金援助

ジェラルド・サスマンとサーシャ・クレダーの共著による論文「テンプレート革命：アメリカによる東欧体制変革のマーケッティング」には、NEDが東欧の一連の革命で果たした役割が詳細に取りあげられている。[17] この論文によれば、一九九〇年代のセルビア、ジョージア、ウクライナでの政変には、NEDを筆頭とする非政府組織が関与していた。二〇〇〇年のセルビアにおけるミロシェビッチの失脚、二〇〇三年のジョージアにおけるシュワルナゼ失脚、二〇一四年のヤヌコビッチ失脚の背景には、アメリカを中心とする西側諸国の「民主化工作」があった。アラブの春もこうした政変で培われた技術がそのまま導入された結果であった。

事情は、エジプトにおいても同様であった。二〇〇六年にブッシュ政権が中東民主化に向けた資金の増額を要求し、NEDが支援するアラブ圏もしくはイスラムが多数派を占める国へのプログラムに八〇〇〇万ドルが拠出された。NEDの二〇〇九年の年間報告書によれば、「エジプトでは、民主主義活動家が次々と逮捕されるなかでも新たな世代の市民グループや活動家が生まれている。市民グループ、ブロガー、それに台頭しつつあるソーシャル・ネットワークが、将来の代議制、大統領選の準備のための国民連合を結成した。人権のための公正と市民権センターのようなＮＥＤに支援された組織は、直前に迫った選挙で市民を動員し活動に従事させるために、地方の市民組織を結成し訓練を施している。来たるべき選挙に向けて、与党は女性議員の定数として六四名分を割り当てた。その結果、ＮＥＤは権利と自由の擁護のための国民連合（the National Association for the Defense of Rights and Freedom：ＮＡＤＲＦ）を支援し、女性たちを議会選挙に立候補させるための訓練に着手した」とある。[18]このようにムバラク政権が二〇一一年に崩壊する二年前に「エジプト民主化工作」は、始まっていたのだ。

オバマ政権は、先に述べたように、アラブ世界政策の核として協力関係の発展に重点を置いていた。その目的は、その地域の市民に「彼ら自身の社会に前向きな変化を生み出そうと努力しているという点でアメリカをパートナーと見なしてもらえる」ようにすることであった。この漸次的な「下からの」パブリックディプロマシーのアプローチは、変化への圧力がアラブ世界内部から生じるような条件を生み出す傾向にある。なぜ民主的変化のために草の根の努力を支援することになったかといえば、民主制への急速な移行は、独裁的な体制を不安定化させる危険があり、意図せずして反米イスラム過激派に既存の体制に反対する立場として利用されると考えられたためだ。

アメリカ政府、民間企業、この地域の非政府組織との間の協力関係は、しばしば中東協力イニシアティブ（Middle East Partnership Initiative：ＭＥＰＩ）からの資金援助による計画に支援されている。中東協力イニシアティブは、アメリカ国務省が管轄するプロジェクトであるが、この予算は着実に増加している。二〇〇九年の段階で、ＭＥＰＩは、十七か国の六〇〇ものプロジェクトに対して五億三〇〇〇万ドルを拠出している。そしてＭＥＰＩは新たなＩＴ技術がもつ潜在能力を考慮し、補助金の受領者と主要なＩＴ企業を結びつけるためのＩＴパートナーシップ計画に着手した。ＭＥＰＩのホームページによれば、このプログラムを通じて、地域のＮＧＯが、最新のソフトウエア、ハードウエアに触れることができるようになり、彼らの計画の効率性を向上させる訓練も受けられるようになった。

しかし、世界中の権威主義的な体制はインターネットへのアクセスを制限しようとしている。中国のインターネット規制などがその良い実例であろう。そのために、アメリカ国務省は、特定の政策目標として「インターネットの自由」を提唱するようになった。二〇一〇年一月に、当時の国務長官であったヒラリー・クリントンは、インターネットの自由を海外に拡大する方法の概略を述べ、この政策の助けとなる目標を考慮し、インターネットのアクセスを制限している国でのインターネットのアクセスを再開するための道具の開発に資金を援助すると発表した。これらの内容のほとんどが、すでにランドの報告書で言及されていた[19]。

アメリカの大企業やメディアも支援した青年運動同盟（ＡＹＭ）の結成

アメリカ国務省が資金を提供し支援している青年組織のうちの一つに、「青年運動同盟（The Alliance for Youth Movements：ＡＹＭ）」がある。アメリカは、この組織を通じて、ＩＴ技術を用いた民主主義の促進に取り組んでいる。ＡＹＭの公式サイトによると、ＡＹＭの使命は、新たな技術を用いて草の根の活動家が自らの能力を向上できるようにするという点にある。ＡＹＭに関しては、アメリカ政府だけでなく、英国内務省も資金提供者に名前を連ねている。それだけではない。ＡＹＭは、主要なアメリカの多国籍企業やメディアからも資金援助を受けている。実際、これらの支援者のなかには、グーグル、ペプシ、フェイスブックなどの企業が含まれているのである。

二〇〇八年十二月のＡＹＭの創設大会は、ニューヨークで開催された。そこで掲げられたＡＹＭの目的は「暴力と圧政に対抗して、若者の動員を手助けする地球規模のネットワークの創出」にあった。オンラインのツールを用いることで社会変革に影響を与える方法に関するマニュアル作成のために、この会合に出席したのは、アメリカ国務省、国家安全保障省のスタッフ、それに元ＮＳＣのスタッフであった。彼らはオバマの大統領選の戦略の背後にいたキーパーソンたちでもあった。それに加えて、アメリカの大企業やメディアの代表（ＡＴ＆Ｔ、グーグル、フェイスブック、ＮＢＣ、ＡＢＣ、ＣＢＳ、ＣＮＮ、ＭＳＮＢＣ、ＭＴＶ）が加わっていた。

この創設大会には、多くの世界中の草の根活動家も参加していた。これらのなかには、当時は知名度の低かったエジプト出身の四月六日グループも含まれていた。このグループのメンバーは、二〇一一年の大統領選において、エルバラダイ元ＩＡＥＡ局長を支持することになる。さらに、四月六日運動のフェイスブックのページは、反対勢力への支援を結集する道具となり、それが、二〇一一年初頭のエジプトでの政情不安につながっているのである。[20]

ブログの威力

二〇〇七年九月には、オンラインのツールの持っている威力が認識される事件が起きた。すでに説明したように、エジプトでは、監獄や警察署における拷問や暴行は長い間一般的であった。しかし、エジプト政府は、囚人への拷問や暴行を否定していた。法的な証拠が欠如していたために、人権派弁護士や反政府メディアは、国家の公式の立場を突き崩せずにいた。ワエル・アッバスというブロガーが、カイロの警察署で警官が男に暴行をふるっている光景を携帯で撮影し、その動画を自分のブログで公表すると、事態は変わり始めた。動画がユーチューブに投稿されると、エジプト人のブログを通じて急速に広まり、反体制派の新聞が、その物語をブログを引用する形で取りあげたのである。証拠が利用できるようになったので、人権団体が被害者のために訴訟に持ち込み、警官は有罪判決を受けた。

これはエジプトでは予期せぬ出来事であった。二〇〇九年には、タリバンがパキスタンのスワット渓谷で十代の少女を鞭で打つ場面の動画も同様に広まった。アッバスによって投稿された動画のように、パキスタンで撮影された動画は、タリバンの残酷さと、かつては平和だった地域にタリバンが勢力を拡大していることに光を当てるのに役立った。エジプトの事例は、非常に注意深くブロガーたちによってフォローされ、すぐに衛星テレビもつづいた。なかでも重要であったのは、彼が自分のブログに拷問の動画を投稿した直後から、アッバスや他のブロガーたちは、エジプト全土の警察署での暴行や拷問を撮影した動画を受け取り始めたということであった。

これらの事件はブロガーと他のメディアの間の新たな関係が築かれ、それが規範となったことを示していた。反体制派の新聞は、出版すれば国から告訴されるような物語をブロガーたちに求めた。エジプトの新聞記者たちは、ブロガーにそうした物語を提供し、ブロガーたちがそれらの物語をネットに掲載すると、ブログを情報元としてその物語の記事を書き始めた。

このように、ブロガーとその他のメディアの相補的な関係がエジプトのメディアで大きな力を持つようになった。興味深いことに、ワエル・アッバスは、二〇一一年五月三日にワシントンで開催された「二十一世紀における言論の自由の擁護」と呼ばれるイベントにパネリストとして参加している。このイベントを主催したのは、NEDと「言論の自由のための国会幹部会（the Congressional Caucus for Freedom of the Press）」であった[21]。

エジプト政変に大きな影響を与えた四月六日運動

今回のエジプトの政変に大きな影響を与えたもう一つの組織が四月六日運動であった。この組織は、アメリカが資金を拠出しているAYMにも関わりのある組織である。四月六日運動は、二〇〇八年にアフメド・マヘール、クリード・ラシッドによって創設された。その目的は、エルマハラ・エルクブラといった産業地区において労働者により四月六日に計画されていたストライキの支援であった。それまでの数年の間、エジプトの労働者は、インフレと失業に抗議するために、定期的にストライキを行っていた。しかし、そうした抗議活動は十分な連携がとられていなかったのである。マヘールとラシッドは、ケファヤ運動に着想を得て、草の根の活動を組織し調整させるためのフェイスブックのページを立ち上げた。彼らは労働者の運動に組織面からのアプローチが欠けていると考えていたためであった。このグループはフェイスブックに加え、ツイッター、フリッカー、ブログ、その他のメディアツールを駆使して、四月六日のストライキを告知し、警察の活動に警告を発し、彼らの努力が注目されるようにした。この運動のフェイスブックに先駆けて賛同したのは、若く教育のある層であった。彼らの大部分はそれまで政治的な活動に加わったことはなかった。

四月六日運動が正式に発足する頃には、ケファヤ運動は当局の恫喝《どうかつ》に直面し、弱体化していた。ケファヤ運動のメンバーは、公安要員により暴行や嫌がらせを受けていた。ケファヤ運動は電子メディアを用いることには長けていたが、より広い影響力を持つ国営メディアはケファヤ運動のメッセージを辛うじて圧倒していたのだった[22]。

マヘールとラシッドが驚いたことに、フェイスブックのフォロワーは瞬く間に七万を超えていた。その大部分が、活動家の小さなグループやオピニオンメーカーたちであった。

しかしながら、「ストリート」での活動を調整することはより困難であることがあきらかになった。警察が、労働者たちがストライキを行っているマハラの工場を占拠し、労働者の示威活動を強制的に解散させたのである。その際に、少なくとも二名が死亡している。エジプト全土で連帯する抗議活動は消滅し、四月六日運動の指導者らは「ストリート」レベルでの戦術で意見が一致していなかったことを理解したのだった。

そこで四月六日運動が頼みにしたのが、非暴力行動戦略のための応用センター（Center for Applied Nonviolent Action and Strategies：CANVAS）であった。二〇〇九年の夏に、二十歳のブロガーで四月六日運動の活動家であったモハメッド・アデルがベオグラードにまで赴いた。彼はそこで非暴力革命のための戦略を学ぶ一週間のコースを受講した。その内容は、フェイスブックやツイッター上ではなく、「ストリート」で人々を組織する方法論であった。重要なのは、彼がそこで他者を訓練する手法も学んでいることだ。彼がエジプトに戻ると、彼は自分が学んだ新しい技術を、同僚の活動家たちに伝授し始めた。二〇一一年二月九日のアルジャジーラ英語版放送で、アデルはCANVASでの経験に言及している。「私は、平和的デモ活動の指揮の方法、暴力を回避する方法、それに公安機関の暴力に対抗する方法、ストリートで人々を組織する方法を学びました」

アデルに平和的革命の方法を伝えたCANVASという組織は、セルビア蜂起の際にアメリカから民主化促進のための支援を受けていた団体であった。当初はオトポールと呼ばれたこの組織は、若いセルビア人で運営されており、一九九〇年代にスロボダン・ミロシェビッチに対する学生暴動の中核となった組織であった。セルビア革命以降、海外で訓練を受けた地元のオトポールの多くのメンバーは、非暴力運動の政治戦略を世界中に伝えるコンサルタントとなったのだ。彼らの活動費用は、NEDから資金の拠出を受けたフリーダムハウスやジョージ・ソロスのオープン・ソサエティ・インスティテュートによって支払われた。アデルがストリートでの活動方法を学んだのも、このグループの代表だったのである。[23]

このCANVASの活動の理論的根拠を提示したのは、アメリカ人の哲学者ジーン・シャープであった。このことは、CANVASが作成した平和的革命のマニュアルである「非暴力運動五〇の要点」からも確認できる。[24]ジーン・シャープの他に参考としてあげられているのが、ロバート・ヘルベーである。彼はやはり非政府組織のアルバートアインシュタイン研究所のメンバーであったが、セルビア革命当時は現役の米陸軍の軍人であり、オトポールを背後から現場で指揮していた。[25]

四月六日の抗議活動以降、ワシントンでもエジプトでの状況に関心が集まっていた。二〇〇九年一月二十二日付けのニューヨークタイムズ紙では、パブリック・ディプロマシーならびに広報担当のジェームス・グラスマン国務次官補が、四月六日運動の経緯を追跡していると報道されている。その記事では「他の国務省の職員」が、フェイスブックのようなソーシャルメディアには、民主主義を促進する強力な道具となる潜在的可能性があると述べている。

二〇〇八年から二〇〇九年にかけて、若く教育を受けたエジプト人はフェイスブックに大挙して参加していた。二〇〇八年三月にはエジプト人のフェイスブックのメンバーは八〇万を数えていた。アラビア語版のサイトが二〇〇九年三月に開設されると、その数字はさらに跳ね上がり、二〇一〇年七月一日には三八五万一四六〇名にまでふくれあがっていた。ほぼ二年間の間に、フェイスブックに参加した人数は三五〇％増加したのである。

フェイスブックのアラビア語版の開設は、フェイスブック社の経済的利益だけを目的としたものではなかった。むしろ、フェイスブックの創設者のマーク・ザッカーバーグの使命感を反映したものであった。実際、フェイスブック社はＡＹＭにも資金提供を行っているのだ。二〇〇八年にはザッカーバーグはインタビューのなかで、アラブ地域でのコミュニケーションを促進することで、フェイスブックは過激思想と戦う道具となり得ると述べている。[26]

「我々は皆、ハレド・サイードである」

二十八歳のエジプト人活動家であったハレド・サイードの残酷な死は、エジプト革命に至る最も強い影響力を持った事件であった。サイードは、アレクサンドリアのインターネットカフェにいた。

おそらくは警官が麻薬事件の捜査での戦利品を山分けしている動画を投稿しようとしていたのだろう。彼はそこで二名の警官に連行され、その後ひどく殴打され彼は亡くなった。彼が残虐に殺された後、サイードの家族は、彼の血まみれで原形をとどめていない遺骸の写真と、生前のふくよかな彼の写真を公表した。

「我々は皆、ハレド・サイードである」というフェイスブックのページが、グーグル社の幹部であり、インターネット上の活動家であったワエル・ゴニムによって開設された。ゴニムは、当時アメリカで働いていたのだが、不穏な情勢が本国で広まると、エジプトに帰国した。彼は、十一日間にわたって警察によって秘密裏に投獄された後、二〇一一年一月の民主主義賛成派のデモを活性化させるにあたって決定的な役割を演じた人物とされている。彼の雇用主であるグーグル社は、AYMの支援を行っていた。二〇一〇年のエジプトの議会選挙に間に合うように、ゴニムはエルバラダイの宣伝を行った。エルバラダイは、国際NGOであるインターナショナル・クライシス・グループの理事を務めており、そのためにアメリカの民主主義促進に携わっている政府関係者と接点があったためである[27]。

「我々は皆、ハレド・サイードである」というキャンペーンは当初サイードのための正義と呼ばれていた。それは、チュニジア革命の「激怒の日（Day of Rage）」をモデルにしていた。エジプトでは、目撃者の証言があり、警官の残忍さがすでによく知られていたことに加え、証拠の写真の威力もあって、ハレド・サイードは不当に殺害されたということを疑うものはいなくなった。この抗議活動への支持を表明するために、何千ものフェイスブックのユーザーが、プロフィールの写真を抗議運動を支持する写真に置き換えた。

　抗議者たちは、特定の政治的・宗教的主張で徒党を組むことなく、警察の残忍さと腐敗に対して抗議の声を上げたのだった。すべての階層のエジプト人が蜂起に加わった。しかし、この抗議活動の背後には、インターネットのツールを使いこなせる都会のプロの活動家や、プロの活動化を目指す大学生の活動があった。彼らには、統一されたイデオロギーもなく、大部分が宗教とは無関係な出自であったが、初期のオンライン活動家の手法を流用した。彼らは、ソーシャルメディアのなかに、自らの苦しみを広めるチャンネルを見いだした。そして、「体制打倒」というメッセージは、三五〇万を超える若いエジプト人フェイスブックユーザーの間にひろがったのだった。[28]

　それに加えて、政権の転覆という観点から、インターネット上で流れている情報をインターネットとは縁のない一般の国民に伝えるという重要な役割を担ったのが、口コミであり、パンフレットであり、アルジャジーラやアルアラビアといった衛星テレビ放送であった。一旦情報がネットの世界を離れて人口に膾炙《かいしゃ》すると、ソーシャルメディアの役割も、不満を助長することから、オフラインでの活動を促進するものに変質していった。

　エジプトの抗議者たちはフェイスブックやツイッター、それにユーチューブやグーグルマップといったツールを用いて、抗議活動への支援を広げただけでなく、その調整を図り、逮捕を逃れる方法、催涙ガスへの対処法といった実用的な知識を共有した。

　ソーシャルメディアが果たした役割はそれだけに留まらない。エジプト国内で起きていることを、エジプト国外に伝えたのである。抗議活動が展開されている間ずっと、これらのウェブサイトやその他のソーシャルメディアのプラットフォームは、リンクや画像、それにイベントの情報であふれた。そのお陰で、世界中はエジプトの動向に注目するようになった。

これは重要な展開であった。というのも、一月二十五日の「激怒の日」以降、国際社会が寄せ始めていた関心が、決定的な役割を果たすことになったためである。エジプトの体制側の残虐な行為のビデオ映像が世界中に向けてネットで放映され、世界はエジプトにおける反体制派を直視するようになった。そして、世界が反体制派を見ていることをエジプトの体制派も認めざるをえなくなった。このために、ムバラク大統領は、交渉に当たって難しい立場に追い込まれ、国際社会からの圧力に屈し、二〇一一年二月十一日には辞任することになったのだ。[29]

「アラブの春」でのIT技術をイスラム国も利用

このようにチュニジア、エジプトにおける「アラブの春」は、アメリカが民間組織を通じた巧みな準備の産物であった。「アラブの春」では、各国の国民の自発性こそ否定できないものの、チュニジアの元ユネスコ大使のメツリ・ハダードによる「アメリカ政府の戦略に従って計画され、指示され、見事に編成された陰謀」という表現もあながち的外れではなかったといえるだろう。

全米民主主義基金（NED）、自由の家（フリーダム・ハウス）、それに、ジョージ・ソロスのオープン・ソサエティ・インスティテュートといったNGO組織の関与、CANVASにおける非暴力的抵抗活動の研修などを見れば、「アラブの春」はアメリカとは無関係であったとは到底言えない。

また、アメリカ国防総省は、エジプト民主化に向けた基礎研究を行っていた。エジプトにおける

「アラブの春」の展開が、その理論的枠組みに従って継起していることをみれば、「アラブの春」は、アメリカの中東政策の遂行にほかならなかったと言える。

そしてシリアの内戦から成長したイスラム国も、アメリカが普及させた新たなＩＴ技術を用いて、全世界の若者を引き込んでいる。平和的な民主化の道具が、イスラム過激派のプロパガンダマシンに転化したのだ。

しかし、イスラム国の急成長を考察するうえで、優れたプロパガンダ技術以外にも考察すべき問題がある。それは、どのような国家・組織がイスラム国を背後から支持しているのかという問題である。

第七章

サダム・フセインの亡霊
——「偽旗作戦」としてのイスラム国

第一節　イスラム国台頭の謎

計画されていたイスラム国

従来のイスラム国に関する議論で欠けているのは、イスラム国が急速に成長を遂げた背景に関する考察である。先に述べたように、「イラクのアルカイダ」は、一旦組織が壊滅した後、「イラクのイスラム国」と改称し、その後急速に勢力を増していった。それ以降、二〇一三年に「イラク・レバントのイスラム国」と、一四年六月から「イスラム国」と次々と名称を変えながら、支配地域を拡大していった。この急速な成長ぶりだけを見るならば、「イスラム国」にはなんらかの神秘的な力があるのではと思いたくもなる。実際、「イスラム国」の巧みな宣伝により、世界中から結集した多くの外国人戦闘員は少なくともそう考えているであろう。

確かに、「イスラム国」には、従来のイスラム過激派とは異なる行動原理があり、組織がある。

しかし、ここで視点を逆転させて、「イスラム国が成長した」と見るのではなく、「イスラム国が計画的に育てられた」と見た方が、イスラム国の急成長をうまく説明できるのではないか。従来の議論では、「イスラム国」が、自らの意思とは別に、なんらかの第三者の政策実現のために利用されている可能性が十分に検討されたとは言いがたい。その可能性をこれから検討することにしよう。

「偽旗作戦」とはなにか

ここでこの章のタイトルである「偽旗作戦」について説明しておこう。「偽旗作戦」とは、ケース・オフィサー（エージェントを管理する士官）が自分の国籍を偽装したうえで、エージェントをリクルートする工作を指している。エージェントは、雇用する国家とは別の国家のために働くように説得される。たとえば、一九五三年のイランにおけるモサデク政権転覆事件を挙げることができる。CIAはモサデク政権を転覆させるために、モスクや公共の施設を放火し、それを政府に忠実な共産主義者の犯行のせいにしたのである。[1]それ以外にも、イスラエルの情報機関モサドの担当士官は、しばしば中東での情報元を雇用する際に、アラブ諸国の情報機関を装う事例が知られている。[2]

イスラム国の場合でいえば、海外から集まる外国人戦闘員がエージェントに相当する。そして、驚くべきことに、イスラム国で「カリフ」を自称するアブ・バクル・アル・バグダディですらエージェントであるという疑いがある。では、彼らのケースオフィサーは誰なのか。それは、後に述べることにしよう。とはいえ、イスラム国が単なる情報活動の産物でしかないとするのは、やはり言い過ぎであろう。イスラム国が、スンニ派のイスラム教を奉じる組織であり、イスラム国が周辺諸国の暗黙の支持を受けていることは明白だからである。簡潔に言えば、イスラム国とは、情報工作とイスラム原理主義運動のアマルガムであるというのが一番正確な表現になる。そして、イスラム国の唱える「カリフ制の再興」とはいささか毛並みの異なる政治目的が、「イスラム国」の背後に隠れた勢力によって追求されているのも事実なのである。

第二節　「イスラム国」とサウジアラビア

イスラム過激派の源流ワッハーブ派の信仰

イスラム国の特徴としてあげられるのが、過度に残虐な暴力行為と巧みな宣伝戦略である。過度に残虐な暴力行為については、イスラム過激派の政治遂行手段として生まれたことはすでに述べた。巧みな宣伝戦略についても、中東世界はナセルの時代の「アラブの声」を初め、イラン革命当時の大使館占拠事件を逆に宣伝材料に用いてアメリカを批判した事例を想い起こせば、やはり、イスラム国に特有の事象とも言えない。

そうすると、イスラム国の中核は、ワッハーブ派の信仰ということになろう。ワッハーブ派とはサウジアラビアの公式教義であり、イスラム教のなかでも最も過激な宗派であるとされている。ワッハーブ派の教義は、信者に、コーランとシャリーア（イスラム法）の厳守を命じている。多くの批評家は、ワッハーブ派の教えは宗教過激派の、そして、恐らく広い意味ではテロの揺籃となっているると論じている。

実際、エジプトの週刊誌「ロズ・アル・ユセフ」の副編集長を務めたワエル・アル・アブラシはサウジのワッハーブ派に関して次のように記している。「ワッハーブ派は、女性が働くことを禁じ、車の運転を禁じ、民主主義を、アラーの宗教とは別の宗教であるとして禁じている。ワッハーブ派はイスラムの外面的特徴を強調する。たとえば、男性が、髭を伸ばし、足首まで伸びた着衣をつける、それに西側の歯ブラシを用いず、つまようじを用いるといったことが要求される。ワッハーブ派の指導者の一人であるシェイク・イブン・タイミーヤは、喫煙、喫煙者の背後での祈禱、髭を剃ること、髭を剃った男性の背後での祈禱、洋服（多神教の衣服であるため）の着用を禁止している」

アル・アブラシは続けて、「こうしたワッハーブ派は、近代国家を確立することができない。イスラムが依拠している寛容の価値を広めることができない。それとは逆に、ワッハーブ派は、過激派を、すなわち、他者の異なる信教を非難し、否定し、破壊しようとする閉じられた狂信的な潮流を生み出す。（中略）すべてのこれらの組織はワッハーブ派の衣を着て現れる」と述べている。[3]

つまり、教義という点では、サウジアラビアの公式教義であるワッハーブ派が、すべてのイスラム過激派の源流にあるということになる。そしてこのワッハーブ派とほとんど変わらない過激サラフィー主義がイスラム国の（少なくとも表向きの）教義となっている。

実際、パトリック・コックバーンによる現地のルポルタージュ『イスラム国の台頭、ISISと新スンニ派革命』（未訳）でも、次のように記されている。「二〇一三年の十二月には、西側諸国に支援され、アサド政権と戦っていた自由シリア軍は消え去った。その一方で、ジハーディストが自由シリア軍（FSA）の倉庫を蹂躙し、その司令官たちを殺害した。反体制派のなかでジハーディストが台頭するにあたってサウジアラビアは、中心的な役割を果たした。二〇一三年の夏には、シリアの反体制派への資金提供の役割は、カタールからサウジアラビアに引き継がれていた。そして、サウジアラビアはシリアへの関与を深めていた。資金を提供するだけでなく、サウジアラビアからシリアに向かうジハーディストは、他の国と比較しても最も多かった。サウジの聖職者たちは、個人のレベルでも、国家のレベルでもアサド政権への軍事介入を熱心に求めている[4]」

コックバーンが述べるように、シリアにおけるスンニ派のイスラム過激派増大には、サウジアラビアやカタールといった湾岸諸国の関与があった。したがって、イスラム国を考える場合、まず注目しなければならないのが、サウジアラビアを筆頭とする湾岸諸国の動向なのである。

「アラブの春」は「スンニ派の春」

サウジアラビアは、メッカとメディナという二大聖地を擁するイスラム世界のいわば頂点に位置する国家である。それと同時に、自らが奉じるスンニ派の大国でもある。サウジアラビアという宗教国家にとって、目障りなのはアメリカや西側諸国のようなキリスト教国だけではない。やはりシーア派の大国であるイラン、それに、エジプトやサダム・フセイン時代のイラク等の中東の世俗主義国家も、サウジアラビアやカタールなどのスンニ派の湾岸諸国にとっては、強力なライバルなのである。

前の章でも述べたように、「アラブの春」は、アメリカの巧妙な民主化工作の結果であった。しかし、それと同時に、「アラブの春」がもたらしたのは、チュニジアやエジプトといった世俗国家の崩壊であった。支配者層がスンニ派であり、一般国民の多数がシーア派というバーレーンにおける「アラブの春」が、サウジアラビアの協力により激しく弾圧されたことを取ってみても、「アラブの春」の実態とは「スンニ派の春」にほかならなかったことはあきらかであろう。そして「スンニ派の春」を推進した国家こそ、サウジアラビア、カタールといった湾岸諸国であり、トルコであった。なかでもサウジは中心的な役割を果たしていた。

この「スンニ派の春」に最も抵抗したのが、シーア派のイランやレバノンのヒズボラであった。二〇一一年に始まったシリアの内戦がなかなか終わる兆しを見せないのも、このスンニ派対シーア派という対立が根底に横たわっているためである。

また、本来は世俗的であるはずの自由シリア軍も、スンニ派の圧力に屈してしまっている。そのために、自由シリア軍はわずかな役割しか演じることができなかったのだ。

シリアでのサウジアラビアの介入とイランの反撃

二〇一一年当初、「アラブの春」がシリアで始まった当初、シリアの反体制派運動は、非暴力戦略を墨守していた。しかし、反体制派のメンバーは、シリアムスリム同胞団に近い戦闘集団の行動主義に懸念を抱くようになっていた。たとえば、二〇一一年六月四日に、ジスル・アル・シュグールのシリアの治安部隊を攻撃した最も積極的なグループをはるかサウジアラビアから指揮していたのは、シェイク・アドナン・アル・アラウールという人物であった。彼は、一九八二年にシリアを出国し、サウジアラビアに亡命していたムスリム同胞団の前メンバーであった。シリアで実際に戦っていたのは、元シリア軍の軍人のズハイール・アルサディックが率いるグループであった。彼らはシリア国内のいくつもの銀行を襲撃し、現金を略奪したうえ、トルコとの国境地帯に引き揚げていた。これでは、イスラム過激派の組織といえど、夜盗同然である。そのために、反政府派も同様に見られることを恐れていたのである。

それ以外には、自由シリア軍（Free Syrian Army：FSA）と自由将校運動（Free Officers Movement：FOM）が存在した。FSAは、シリアムスリム同胞団によって支援され、FOMはシリアの反体制派会議に出席したビジネスマンの団体によって資金提供を受けていた。[5] シリアムスリム同胞団は、言うまでもなくスンニ派の組織であり、サウジアラビアに亡命中のシェイク・アドナン・アル・アラウールがサウジから抵抗運動を指揮できたのも、サウジのバックアップがあったとみることができるだろう。そして、自由将校運動も二〇一一年九月には、自由シリア軍に統合されてしまう。このようにシリアの内戦に関しては、当初からサウジアラビアの支援が著しかったのである。

この自由シリア軍は何度かアサド政権軍に対して有効な攻撃を仕掛けるが、アサド政権を倒すには到らなかった。それは、シリアとの事実上の同盟国であるイランがアサド政権を支援したためであった。一つ例を挙げれば、イランはイラク国内のシーア派武装組織によるシリア政権の支援に乗り出している。二〇一一年五月半ばに、イラン革命防衛隊は、イラクのマフディ軍の指導者であるムクタダ・サドルと、イラク最高イスラム会議の軍事部門であるバドル連隊の隊長のアマル・ハキムを召喚した。その目的は、二つのシーア派組織の訓練と再編成であった。彼らの訓練に当たったのは革命防衛隊の対外工作を担当するクッズ軍であった。[6] つまり、イランは、イラクの民兵組織を用いてシリアのアサド政権を擁護しようとしたのだ。実際、これらのシーア派の民兵組織やレバノンのヒズボラ、それにクッズ軍は、スンニ派武装組織に対して相当激しい戦闘を展開している。シーア派武装組織の被害も大きく、シリアは「ヒズボラのベトナム」とさえ囁《ささや》かれているほどだ。

その結果、シリア国内で反アサド政権のスンニ派勢力と親アサド政権のシーア派勢力の間で状況が膠着《こうちゃく》してしまったのである。

アメリカとパイプを持つサウジの王子バンダル・ビン・スルタンの支援

この行き詰まりを打開するために、自由シリア軍のテコ入れを主導した人物が、サウジの王子であるバンダル・ビン・スルタンであった。

バンダル・ビン・スルタンは、一九四九年に初代国王の孫として生まれる。一九六八年に英国王立空軍大学を卒業し、アメリカでも研修を受けた後、サウジアラビア空軍に入った。後にジョン・ホプキンス大学で国際公共政策の修士号を得ている。彼は、その後、一九八三年から二〇〇五年に到るまで駐米大使を務めている。つまり、レーガン政権、ブッシュ（シニア）政権、クリントン政権、ブッシュ（ジュニア）政権の駐米大使を務めたということである。そのために、アメリカに大きな影響力を行使できる人物なのである。

一つ例を挙げよう。二〇一一年二月に、エジプトでのアラブの春の影響を受けてバーレーンにおいてもデモが行われた。バーレーンのハリファ家はスンニ派であり、国民の大多数はシーア派であった。サウジアラビアの後押しにより、バーレーン政府は、デモを厳しく弾圧する。これに対して、アメリカ政府は、当初、バーレーン政府に対して批判的であった。ところが、サウジの治安部隊一〇〇〇名をバーレーンに派遣する前日に、バンダル王子が当時国防長官であったロバート・ゲイツの元を訪れると、それ以降、アメリカ政府のバーレーン政府批判は瞬《また》く間に下火になったのである。[7]

駐米大使を務めた後は、サウジアラビア国家安全保障局局長を二〇〇五年から二〇一五年まで務め、それと同時に、二〇一二年から二〇一四年までサウジアラビア総合情報局の局長も兼任している。二〇一二年から二〇一四年、すなわち、シリア内戦がますます混迷の度合いを深める時期に、サウジアラビアの情報活動を一手に担っていたのがバンダル王子だったのである。

当時のアブドラ国王がバンダル・ビン・スルタンを総合情報局局長に任命したのは、二〇一二年七月十九日のことであった。彼に与えられた使命は、シリアのアサド体制の打倒、それに、中東におけるイランの勢力拡大の阻止の二つであった。アブドラ国王は、バンダルの情報局長任命の十日前にデヴィッド・ペトレイアスCIA長官と会談し、サウジ総合情報局の活動もアメリカと調整済みであった。バンダル王子が、ペトレイアス長官と既に面識があったことは言うまでもない。

実際のところ、バンダル王子は、サウジの総合情報局局長に就任する前から、自由シリア軍の支援のために働いていた。たとえば、元シリア軍高官の亡命をフランスの対外情報機関ＤＧＳＥと協力して亡命させたり、二〇一一年九月にトルコを訪れ、トルコの情報部のハカン・フィダン（Hakan

Fidan）部長とも会談している。それは、サウジと協力してトルコがシリア自由軍（FSA）を支援するためであった。
しかし、FSA支援の他にバンダル王子が担当したのは、アサド政権を支援するロシアのプーチン大統領との交渉であった。その目的は、アサド退陣をロシアに認めさせることであった。それだけではない。パキスタンの軍統合情報部（ISI）に対応していたのもこのバンダル王子であった。パキスタンは、バーレーンに顧問を派遣するだけでなく、シーア派の武装勢力と戦うためのサウジ国家防衛軍の指導にも当たっていた。[8]
彼が総合情報局局長に就任しても、しばらくの間は、フランスもFSAに協力していた。しかし、軍事物資の提供はこの時期から減少していく。というのも、シリアの反体制派のなかに、イスラム過激派が混入し始めたためである。[9]なかでも警戒を深めたのが、アメリカのCIAであり、FSAへの援助には消極的になった。二〇一二年九月十日に開催されたアメリカ、フランス、サウジアラビア、トルコ、カタールの情報機関の代表者の会合では、トルコとフランスがシリア南部の国境に飛行禁止空域の設定を求めたが、アメリカはFSAは信頼できないとして、拒絶した。さらにはサウジとカタールはFSAに対空兵器、対戦車兵器の供給を求めたが、それもCIAによって拒絶された。[10]それは、シリアでのアルカイダの支部であるヌスラ戦線の勢力拡大が懸念されていたためである。そして、当然のことだが、そのヌスラ戦線の一角には、イラクのアルカイダ、すなわち後のイスラム国の構成員も混入していた。[11]
このように、シリアにおけるスンニ派イスラム過激派の増加の背後には、バンダル・ビン・スルタンの支援があった。その彼が推進していたのが、アルカイダ系組織の強化であり、アメリカが拒絶反応を示したのも当然のことだったのだ。

CIAとは逆に、この時期からイスラム過激派の支援を強めたのが、トルコのエルドアン政権であった。トルコがイスラム過激派の国境通過を黙認するようになったのもこの時期からであった[12]。また、イスラム過激派のなかでも大きな割合を占めるチェチェン人の戦闘員を支援していたのもトルコ情報部であった[13]。

そして、そのトルコに一層緊密に協力するようになったのがサウジアラビアのバンダル・ビン・スルタンであった。彼とトルコ情報部部長のハカン・フィダンは、この時期にリヤドとアンカラの間を何度も往復して情報活動の調整を行っている[14]。

それに対して、イランのクッズ軍司令官のカセム・ソレイマニは、バドル軍、正義同盟、イラクヒズボラ連隊といったイラクのシーア派武装組織の元に赴《おもむ》き、シーア派民兵派遣軍を編成するという彼の計画を伝えた。その計画によれば、五〇〇〇名の兵士が、イラン革命防衛隊によって、イラクとの国境沿いの都市メランで訓練を受けることになっていた。すでに、イランの軍事顧問はシリア国内でアサド体制側の軍人に非正規戦での戦闘法を指導していた[15]。このように、スンニ派連合に対して、イランも反撃の手を緩めなかった。したがって、シリアの内戦は、アサド政権vs反体制派の争いというよりは、アサド政権を擁護するイランとロシアvsスンニ派諸国の連合の全面戦争となっていたのである。

イランのシーア派民兵に加えて、スンニ派過激派の勢力が増大していくなかで、自由シリア軍の比重はますます低下していくことになった。自由シリア軍自体が、サウジアラビアとカタールに支援されていただけでなく、その指導部にもスンニ派という宗教色が求められたためである[16]。

第三節　イスラム国登場の経緯

ヌスラ戦線から離脱したイスラム国

バンダルの後ろ盾もあり、その後、ヌスラ戦線は快進撃をつづける。サウジ総合情報部やその同盟国の情報機関からの潤沢な資金供与により、ヌスラ戦線は武装を充実させ、成果を上げた。十二月八日にアレッポを奪取したことを皮切りに、パレスチナ難民キャンプで自爆攻撃を行い、十二日にはシリア内相のモハマド・アル・シャールの暗殺未遂事件が生じている[17]。

また、シリア国内ではたびたび化学兵器が使用されるようになっていた。二〇一三年三月、英国とフランスが共同で「一二年八月以降、アサド政権が複数回にわたり化学兵器を使用している」という報告書を国連に提出し、八月には国連の調査団によってもその使用が改めて確認された。これに対して、アメリカのオバマ政権は、シリアのアサド政権に対する軍事力の行使をちらつかせるようになった。これは、ロシアの仲介により、シリアの化学兵器の廃棄という妥協案で解決を見た。

このように、二〇一三年もシリアの内戦は混迷を極めていたのだが、ここで大きな事件が生じた。

それが、イスラム国のヌスラ戦線からの離脱である。これは、ヌスラ戦線、そしてその背後にいるサウジアラビアやカタールにとっては、飼い犬に手をかまれたようなショッキングな出来事であった。

そのために、当初イスラム国に対するシリアムスリム同胞団などの反政府側での評価は、イスラム国はアサド政権と通じているといった否定的なものが多かった。[18]

それも当然である。なぜなら、イスラム国とはサダム・フセイン統治時代のイラク情報機関の残党らによる典型的な「偽旗作戦」であったためである。

暴露されたイスラム国の設計図

二〇一五年の四月にドイツのシュピーゲル誌は、イスラム国の幹部であったハジ・バクル（Haji Bakr）の文書を暴露している。[19] このハジ・バクル文書は、驚くべきことに「イスラム国」の設計図であった。

二〇一四年一月に亡くなったハジ・バクルは本名をサミール・アブド・ムハンマド・アル・キリファウィといい、サダムフセイン政権の情報部では大佐を務めていた。表向きは、イスラム国のシリアにおける副官であった。彼の死後、彼の自宅から発見された文書によってイスラム国がどのように形成されたかが判明したのである。

イラク戦争後、米軍に捉えられたハジ・バクルは、キャンプブッカに収容される。そこで、多くの旧イラク情報部の同僚と再会し、アブ・バクル・バグダディに出会うのである。そこで彼らは、イラク政権を武力で打倒するための方策を時間をかけて議論した。釈放後、彼は「イラクのイスラム国」の幹部となる。そして、二〇一〇年に、アブ・オマル・アル・バグダディとアブ・アイユーブ・アル・マスリという二人の「イラクのイスラム国」の指導者が、米軍の攻撃によって亡くなると、ハジ・バクルは、アブ・バクル・アル・バグダディが次期の指導者になれるように影響力を行使した。その際には、暗殺を含む組織のパージも行われたという話も伝わっている[20]。

それまでは勢力的にも追い込まれていた「イラクのイスラム国」であるが、劣勢を挽回するチャンスが訪れた。それが、二〇一一年のシリア内戦の勃発であった。

二〇一二年にハジ・バクルは、二〇一二年末に「イラクのイスラム国」の小規模な先遣隊としてシリアを旅行した。そこで、彼は途方もない計画を思いつくのである。それは、イスラム国がまずシリアでの領土を確立し、シリアを橋頭堡として、イラクに攻め込むというものであった。

ハジ・バクルは、アレッポの北部にあるテル・リファートという都市に滞在した。この街に居を定めたのは適切な選択であった。というのも、一九八〇年代に、この街の多くの住人が、湾岸諸国、とくにサウジアラビアに出稼ぎに出ていたためである。彼らは湾岸諸国から戻ると、サウジアラビアでの宗教的主張になじみを覚えるものもいた。実際、二〇一三年に、テル・リファートは、アレッポ地域のなかでもイスラム国の強力な拠点となったのである。

「イスラム教が名目の全体主義国家」ハジ・バクルの構想

ハジ・バクルは、そこで、イスラム国の概略を構想した。彼は、村落のレベルまでの段階的浸透工作のリストをまとめ、誰が誰を監視するかということまで定めていた。それは、信仰の告白ではなかった。それは、「イスラムインテリジェンス国家」のマスタープランだったのである。つまり、東ドイツのシュタージのような監視体制が完備したカリフ制国家の基本計画であった。

そして、驚くべきことに、その計画が、着実に実行に移された。その計画とは次のようなものであった。まず、イスラム教の布教センターであるダアワ事務所（Dawah office）を開設するという名目でその地域のメンバーをリクルートする。彼らのなかで、説教を聞きに来て、イスラムの生活に関する授業を受けるもののなかから、一名か二名が選ばれ、自分たちの村の事情をスパイするように求められる。そこで、幅広い情報が収集されることになる。その際に収集される情報は、有力な家族のリスト、これらの家族のなかでも有力な人物の名前、彼らの収入源、村の反乱軍の名前と規模、その反乱軍を指導する指導者の名前と、その政治的傾向、後に脅迫の材料として用いることができるような、イスラム法に反した行為などであった。

村落に放たれるスパイには、誰が犯罪者で、誰が同性愛者か、誰が秘密の事情を抱えているのかを記録するように指示が出された。その後、それぞれの街で、何人かの「兄弟」が選ばれ、有力者の娘との婚姻が結ばれた。その目的は、有力な家族への浸透工作の防止であった。

スパイたちは、目標となっている街に関してできるだけ多くの情報を収集することになっていた。誰がどこに住んでいるのか。誰がその街を管理しているのか。どの家族が信心深いのか。当地のイスラム神学校はどの宗派に属しているのか。モスクは何か所あるのか。イマーム（宗教指導者）は誰か。彼の妻と子供は何人いるのか。イマームの歳はいくつか。そのイマームの説教はどのようなものか。スーフィズムに関心があるか。そのイマームは体制派か、反体制派か。ジハードに対してどのような態度を取っているのか。さらに、ハジ・バクルは次のような質問をとくに好んだ。イマームは給料を得ているのか。ならば、誰がその給料を払っているのか。誰が、イマームに指名したのか。そして、最後に、その村で民主制を支持しているのは何人か。つまりは、サダム・フセイン政権の元での恐怖政治を再現したに過ぎないのである。

エージェントたちは地域の住民を分割し、支配するために用いることができる情報ならなんでも集めることになっていた。情報提供者には、元情報機関のスパイだった者だけでなく、他の派閥と抗争状態にある反体制派も含まれた。また、金を必要とするか、そうした仕事が性に合う若者もエージェントを務めていた。その大部分が三十代であったが、なかには十七、十八の青年もいた。

ハジ・バクルの計画には、金融、学校、介護、メディア、それに運輸業といった分野も含まれている。しかし、彼の計画のなかで何度も繰り返される主題は、監視、スパイ、殺人、誘拐といった行為であった。

ハジ・バクルは、それぞれの地方に、首長、もしくは司令官を置き、殺人、誘拐、狙撃、通信傍受、「仕事を適切に行わない場合の」他の首長の監視という体制を計画していた。神の国の中核は、恐怖を拡大するように作られた細胞もしくは指揮系統から構成される悪魔のような時計細工だったのである。

当初から、この計画の要諦《ようてい》は、たとえ、地区レベルであっても、同時並行で機能する情報組織を手にすることにあった。イスラム国の情報部が、地方の公安担当官に指示を出し、その副官がさらに各地区を担当した。そして、スパイ細胞の長は、それぞれの地区の副官に報告することになっていた。その目的は、万人が万人を監視する体制の維持であった。

つまり、イスラム国にとって、シャリーアも宗教法廷も、住民を監視し、管理するための手段でしかない。イスラム国とは、簡単に言えば、イスラム教を名目に掲げた全体主義国家に他ならなかったのである。

シリア社会に忍び込むイスラム国

実際のところ、イスラム国の拡大が人目を引くことはほとんどなかった。そのためにシリア人にとってもイスラム国が彼らのなかにいつ現れたのかはっきりとはわからなかったほどである。二〇一三年の春に、シリア北部の多くの街にダアワ事務所が開設された。それらのダアワ事務所は、一見したところは、無害なイスラム教布教のためのセンターであった。実際、その他のイスラム慈善団体の事務所となんら変わるところはなかった。

ダアワ事務所がラッカに開設されたとき、「彼らが語っていたのは、自分たちは『兄弟』だということだけだった」と、ラッカから逃れた医者は証言している。ダアワ事務所は、二〇一三年の春に、アレッポ県のリベラルな都市であったマンビジにも設置された。若い人権活動家は次のように証言している。「誰もがなんでも望むものを開設できた。我々の体制以外の者が我々を脅かすことになるとは思いもしなかった。一月に戦闘が生じて初めて、ダーイッシュ（イスラム国）が、いくつかのアパートを借りて、武器や人員を隠していたことがわかったんだ」

状況は、アル・バブ、アタリブ、それにアザズのような都市でも同様であった。ダアワ事務所が二〇一三年初めにイドリブ地方の近隣のサルマダ、アトメ、カフル・タカリム、アル・ダーナ、サルキンといった都市にも設けられた。スパイとして徴用できる「学生」を特定するとすぐに、イスラム国は活動範囲を拡大し始めた。アル・ダーナでは、追加の建物が借り上げられ、黒い旗が立てられ、そのブロック全体が封鎖された。抵抗が強い街もしくは支持者の安全が確保できない街では、イスラム国は一時撤退した。当初は、あからさまに抵抗をかき立てる危険を冒さずに勢力拡大を進めることに重点が置かれた。その一方で、「敵対的な個人」は誘拐して、殺害し、同時に、それらの極悪な行為への関与は徹底して否定したのだった。

イスラム国の兵士すら当初は気がつかなかったほどだ。ハジ・バクルと先遣隊は、イラクから同志を連れて行かなかったのだが、それには意味があった。実際、イラクの戦士がシリアに入ることを厳しく禁じた。また、彼らは多くのシリア人を参加させることもなかった。その代わりに、イスラム国の幹部は最も複雑な選択肢を採用したのである。それは、二〇一二年の夏以降この地域にやって来ていた外国人の過激派を結集させるというものだった。軍事活動の経験のないサウジアラビア出身の学生、チュニジアの事務員、ヨーロッパ出身の学校の落ちこぼれたちが、チェチェンやウズベキスタンの歴戦の勇士たちと軍を構成した。その軍は、イラク人の元軍人たちによって管理された。

すでに、二〇一二年の末までに、軍事キャンプは数か所に設置されていた。最初は、彼らは自分たちがどのグループに所属しているのかを知らなかった。キャンプは、厳しい規律の下で運営されていた。そして、彼らは多くのさまざまな国から集っており、ジャーナリストに話をすることはなかった。そのなかで、イラク出身の者はほとんどいなかった。新参者は二か月の訓練を受け、中央の司令部には無条件に従うように鍛え上げられた。キャンプの外観は人目を引かないものであった。そのためにキャンプで当初は混乱が見られたとしても、キャンプを終了した後には絶対的に忠実な軍隊が生まれた。外国人兵士たちは、彼らの司令官以外には知り合いもなく、慈悲を示す理由もなかった。彼らはすぐにさまざまな場所に派遣された。

これは、シリアの他の反乱軍とは著しく異なっていた。彼らは自分たちのホームタウンを防衛することを主な目的としており、家族の世話をし、収穫に際しては助け合った。二〇一三年秋の段階で、イスラム国の外国人兵士はアレッポ県だけで二六五〇名に達していた。チュニジア人は全体の三分の一を占め、その後に、サウジアラビア人、トルコ人、エジプト人がつづいた。さらに、その後にチェチェン人、ヨーロッパ人、インドネシア人も加わっていた。

また、イスラム聖戦士の部隊は、シリアの反対派勢力に比べれば絶望的なほど数が少なかった。さらに、シリアの反乱軍はイスラム過激派を信用していなかった。そのために、イスラム国に対抗するために連合を組むこともなかった。それは、彼らがイスラム国相手の第二戦線を開きたくなかったからにほかならない。しかし、イスラム国は、単純なトリックを用いて勢力を拡大した。イスラム国の男性は、黒いマスクを着用した。そうすれば恐ろしく見えただけでなく、その実数がどの程度なのかが外部にはわからなくなったのだ。二〇〇名のイスラム国の戦士が相次いで五か所に現れれば、イスラム国には一〇〇〇名の戦闘員がいるということになるのだろうか。あるいは、その半分の五〇〇名程度なのだろうか。あるいは、二〇〇名を少し越える程度なのだろうか。それに加えて、スパイのお陰で、イスラム国指導部は常にシリアのどの地区が弱く、仲間割れを起こしているのか、どこに地域紛争があるのかを摑んでいた。その結果、イスラム国は基盤を確立するための防御力も手に入れていたのである。

ラッカを奪取した恐怖のシステム

ユーフラテス川沿いにあるシリアの一地方都市に過ぎなかったラッカが、イスラム国によって占領されるまでの経緯は、イスラム国による領土拡大の典型であった。ラッカ奪取作戦は、最初は静かに始まったものの、次第に残酷さを増し、最終的には、大規模な戦闘もなく、数のうえでは圧倒的に優勢であった反対勢力を押さえ込むことに成功した。ラッカからトルコに逃れた医師は次のように述べている。「私たちはさして政治的ではありませんでした。また、私たちは宗教的でもありませんでしたし、お祈りをすることもあまりありませんでした」

二〇一三年三月に、ラッカが反体制派の手に落ちたとき、ラッカ市の評議会がすぐに設立された。弁護士、医者、それにジャーナリストは、自分たちで団体を結成した。女性の団体も生まれた。「自由な若者の会議」も結成された。それ以外にも人権団体やその他の主張を掲げた団体が次々に生まれた。ラッカでは、すべてが可能であるように見えた。しかし、ラッカから逃れた人たちの目から見れば、それが、ラッカという都市の没落の始まりだったのである。

ハジ・バクルの計画に従って潜入工作が行われた後に、潜在的な指導者もしくは反対者になる可能性のある人物の抹殺が行われた。最初に襲撃を受けたのは、評議会の議長で、二〇一三年五月半ばに、マスクをした男たちに誘拐された。次に消えたのは、著名な小説家の兄弟であった。その二日後には、革命旗を都市の壁に描いていたグループの指導者が殺害された。

彼の友人の一人は、「私たちには誰が彼を誘拐したかがわかっています。しかし、誰もそれ以上なにか手を打とうとはしなかったのです」と説明している。恐怖のシステムは徐々に基盤を固めていった。七月の初めから、最初は数十人が、そしてその後に数百名の人間が消えていった。彼らの死体が発見されることもあったが、大抵は跡形もなく消え去ってしまった。八月には、イスラム国の軍事指導者たちは、自爆テロ志願者を乗せた自動車を各地に派遣し、FSAの部隊「預言者の孫」に攻撃を加え、数十名の戦士と指導者を殺害し、残りは逃亡した。他の反乱軍組織はその状況を傍観するだけであった。イスラム国指導部は、反乱軍の各部隊と秘密裏に交渉を行い、他の部隊だけがイスラム国の対象になっていると思わせた。

二〇一三年十月十七日には、イスラム国は、すべての文民の指導者、聖職者、弁護士を会合に招いた。これは和解のジェスチャーであると疑う者もいた。その会議に出席した三〇〇名の内、進行中のラッカという都市の乗っ取り、イスラム国による誘拐と殺害に反対して発言したのは二名だけであった。

その二名の内の一人は、ラッカでもよく知られた人権活動家であり、ジャーナリストであったムハンナド・ハバィエブナであった。彼は五日後に吊されて、頭部を拳銃で撃ち抜かれた状態で発見された。彼の友人たちは、彼の死体を撮影した写真が添付された電子メールを受け取った。そのメールには、たった一つの文が記載されていた。「友人がこうなってしまって、お前は悲しいか？」

それから数時間以内に、主要なイスラム国反対派はトルコに逃れた。こうして、ラッカの革命は終わりを迎えた。

その直後、十四もの主な部族長がアブ・バクル・アル・バグダディに忠誠を誓った。彼らは、わずか二年前は、シリアのアサド大統領に忠誠を誓っていたのである。

スンニ派組織の反撃

このようにイスラム国は、ヌスラ戦線による反体制派運動の成果を横領し、強奪した。それに対して、当然のことであるが、スンニ派過激派勢力も反撃を開始した。

二〇一三年十一月三十日に、ヨルダンで、サウジアラビア、トルコ、ヨルダンの情報機関が協議を行い、十二月三日には、スンニ派組織の連合が、シリア国内のイスラム国の拠点に対して攻撃を行った。

この攻撃の事前協議に参加したのは、アラール・アル・シャム、アレッポのアル・ターウィード、ダマスカスのアル・イスラム、それにヌスラ戦線といった武装集団であり、そこに、サウジの総合情報部、トルコ情報部（MIT）、ヨルダンの軍情報部が加わっていた。

それぞれの情報機関は、配下のイスラム過激派を持っていた。サウジアラビア総合情報部はシリア解放イスラム戦線（ジャバハット・アル・イスラム）、トルコ情報部（MIT）は、シリア革命戦線と関係を持っていた。これらの組織も攻撃に加わった。

十二月三日の攻撃を可能にしたのは、これらの情報機関の事前の根回しであった。この攻撃は、イスラム国によるイラクのファルージャの攻撃と同時に行われた。というのも、イスラム国側は、ファルージャ攻略のためにかなりの兵員を割いていたためである。

この攻撃によって、イスラム国側のいくつかの拠点が奪取された。そのなかにはイドリブ近郊のマーレト・アル・ヌーマンのキャンプが含まれる。先に述べたハジ・バクルもこの戦いで殺害されたとされている。[21]

イスラム国のイラクへの進出

しかし、反イスラム国勢力の反撃にもかかわらず、それ以降もイスラム国の勢いは止まらなかった。一月四日までには、協力関係にある部族とともにファルージャのほぼ全域を掌握した。一月十五日には、イラクの首都バグダッドや中部バアクーバ近郊で爆弾テロが相次ぎ、西部アンバル県で十五日、イラク政府軍・治安部隊がいくつかの拠点を放棄して後退した。さらに、四月の半ばには、首都バグダッド近郊をもうかがう勢いを見せていた。

そして、イスラム国は六月からは全面攻勢に移る。イラク最大の製油施設がある北部バイジやキルクークも襲撃しただけでなく、六月十日にはイラク第二の都市である北部モスルを制圧した。

このイスラム国によるモスル奪還に協力したのが、サダム・フセインの元右腕であり、旧バース党員であったイザート・アル・ドゥーリーであった。モスルと同時に豊富に石油を産出するニネベも攻略するように手配したのは、ドゥーリーであった。彼は、イラク戦争時、フセイン政権の幹部は、トランプに似せて指名手配が行われていた。そのうち「クラブのキング」がドゥーリーだった

イラク・シリアにおけるイスラム国の支配地図

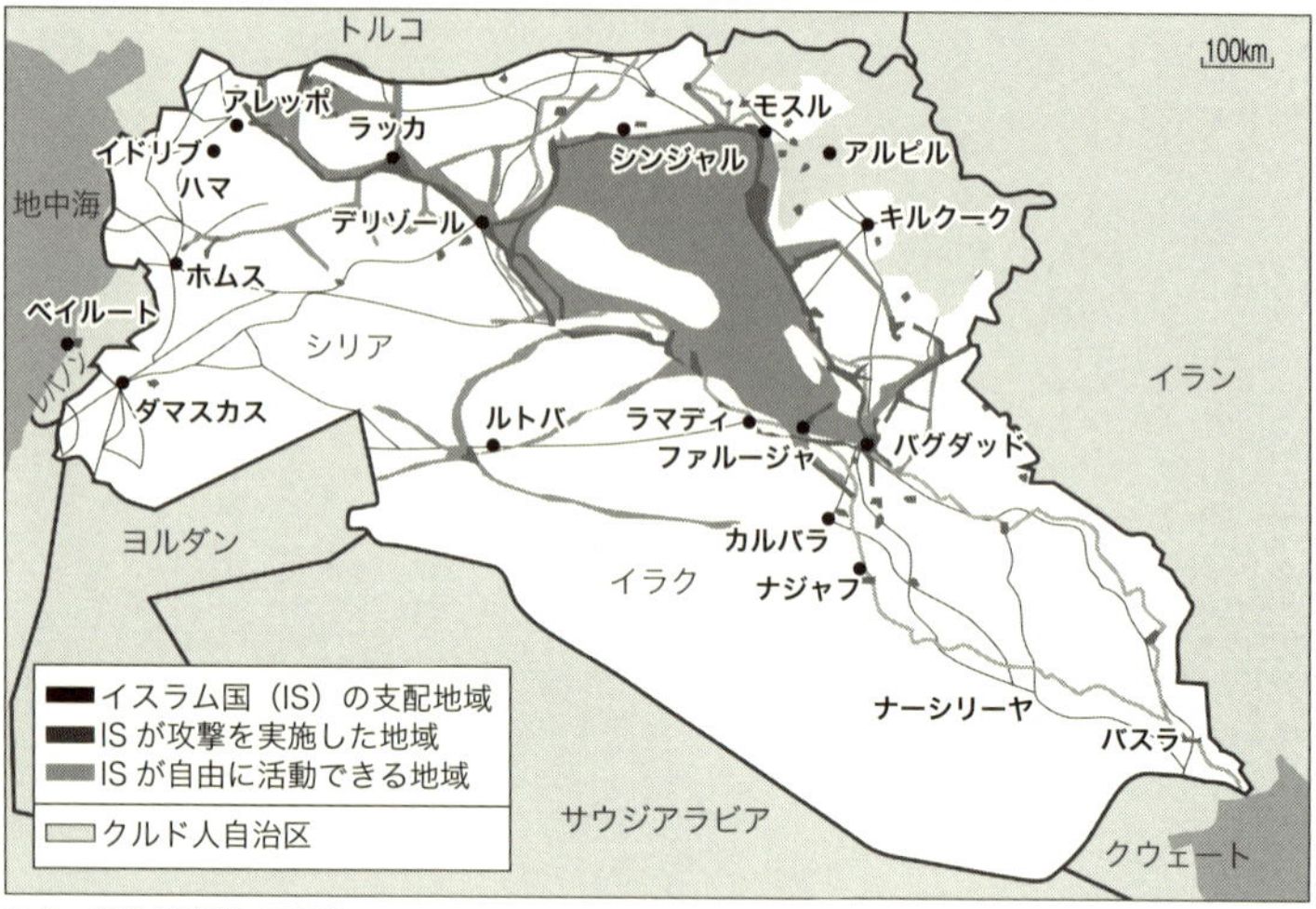

出典：戦争研究所（ISW）

のである。

ドゥーリーは、数年間にわたって旧バース党勢力と北部イラクの部族長の接近を促していた。モスル攻撃の前に、ドゥーリーが、イスラム国の作戦部次長を務めていたアブドゥルラーマン・アル・ビラウィとして知られるアドナン・イスマイル・アル・ビラウィとも交渉し、ニネベ近郊の有力な部族長に同盟結成のための働きかけを行った。ドゥーリーのこの地域への影響力はたいへん強かった。たとえば、モスルがイスラム国に奪取された後も、各家庭に掲げられるアブ・バクル・アル・バグダディの肖像よりも、ドゥーリーの肖像の方が多かったほどであった。[22] このように、旧フセイン政権の残党がイスラム国の侵攻の下準備を行っていたのである。

バグダッドまでは侵攻できなかったものの、イラク北部の主要都市を制圧した「イラク・レバントのイスラム国」は二十九日、ウェブサイト上に出した声明で、バグダディ指導者を世界のイスラム共同体を率いる「カリフ（預言者ムハンマドの後継者）」と仰ぐ政教一致国家の樹立を一方的に宣言した。そして、国家の名称も単に「イスラム国」に変更した。すべてはハジ・バクルの設計図通りに事態は推移したと言っていい。

シリア北部だけでなく、イラク北西部の領域支配にも成功したイスラム国の名声の高まりは留まるところを知らなかった。二〇一四年八月には、フィリピンのアブ・サヤフがアブ・バクル・アル・バグダディへの忠誠を誓い、その傘下となった。その後、アルジェア、シナイ半島、コーカサス地方のチェチェンとダゲスタンに支部が設けられた。二〇一五年になってもその勢いは衰えず、三月には西アフリカのボコ・ハラムがイスラム国に忠誠を誓い、六月にはリビアに公式支部が設置された。

サウジ、トルコは変節しアメリカと対立

こうなると、現金なもので、それまでイスラム国に対立していたサウジアラビアやトルコはイスラム国に対する批判を和らげるのである。そして、スンニ派諸国の密かな態度変更は、アメリカとの方針の違いとして現れた。アメリカが、シリアのアサド政権の打倒よりも、イスラム国の打倒を重視するようになるが、サウジアラビアやトルコは、イスラム国の打倒よりも、アサド政権の打倒を求めるようになったのである。

とくに、トルコはワシントンの戦略に反対するスンニ派諸国の筆頭となっていた。その背後には、自ら中東への回帰政策を推進したダウトオール首相の存在があった。トルコ情報部のハカン・フィダン部長と、ＣＩＡ長官のジョン・ブレナンとの会合は何度も持たれたが、アメリカとトルコの意

見の相違は日に日に増していった。

二〇一四年十一月二十二日に、トルコのエルドアン大統領が、アメリカのバイデン副大統領と会談を開いた際には、両者の言い分は真っ向から食い違った。エルドアン大統領は、自由シリア軍の補給のためにトルコとシリアの国境沿いに飛行禁止地域の設置を改めて求めたが、バイデン副大統領はそれを拒絶した。アメリカにとっての第一の目標はイスラム国の打倒だと答えたのである。この会談後、エルドアン大統領は激怒していたと伝えられている。それはバイデン副大統領が、イスラム過激派を爆撃するためにトルコにあるNATO軍のインシルリク基地の使用許可を求めたためであった。アメリカの要求に怒りが収まらなかったトルコは、CIAとは別に穏健なシリア反体制派訓練計画を実施するという決定を下したほどであった。

サウジアラビアも自らの戦略を追求していた。サウジの総合情報部は、ヨルダンにシリア反対派のための訓練キャンプを設けていた。二〇一四年十二月三日にパリで開催されたイスラム国対策会議において、サウジアラビアの外相サウド・ビン・ファイサル・アル・サウドは、シリアとイラクの危機の解決のための前提条件として、イランの革命防衛隊の顧問の撤退とアサド政権の退陣を挙げた。サウジ空軍のパイロットも、イランが提供する情報に基づいてイスラム国のスンニ派の民兵を爆撃するのに拒否反応を示すようになっていた。そのために、サウジアラビアはイスラエルに接近し、協力を深めたのである[23]。

トルコやサウジアラビアといったスンニ派諸国が、アメリカに反抗的な姿勢を取るようになった背景には、アメリカが同時に進めていたイランとの核交渉がある。スンニ派諸国、とくにサウジアラビアは、思想的にはイスラム国に思想的には近いとはいえ、アメリカからは距離をおきはじめた。その最大の要因は、アメリカのイランへの接近だったのである。重要なことは、シリア内戦の当初には確立されていたはずのアメリカとスンニ派諸国との連合が、イスラム国の登場により瓦解したということだ。

第四節　イスラム国とはいかなる組織だったのか

従来の議論の欠陥

従来のイスラム国に関する議論で欠けていたのは、ザルカウィ存命時の「イラクのアルカイダ」と「イラク・シリアのイスラム国」との間の連続性への疑問である。しかし、この点に関しては、ハジ・バクル文書に関するシュピーゲル誌の報道によって真相があきらかになった。「イラク・シリアのイスラム国」自体が、サダム・フセイン時代のイラク軍情報将校並びに元バース党員によって仕組まれたものだったのである。

たとえば、二〇一四年十一月の米軍の攻撃によってなくなったイスラム国の軍事指導者アブ・アイマン・アル・イラーキーは、イラク軍で情報将校を務めていた。また、現在、イスラム国で幹部を務めるアブ・ファチマ・アル・ジュハイシも、フセイン体制の下での軍歴の持ち主である。先に挙げたハジ・バクルもイラク軍人であった。そして、イラク領での首相を務めるアブ・ムスリム・アル・トゥルクマーニーも、フセインの情報機関で中佐を務め、特殊部隊に所属したこともある。このように当初のイスラム国の幹部は、旧フセイン体制の軍人、とくに情報将校たちであった。彼らが、指導者を失った「イラクのアルカイダ」を乗っ取り、イスラムの大義を名目に、新たに国家を樹立しようとしたのが「イスラム国」の真相であった。「イスラム国」は、フセイン体制残党による「偽旗作戦」の結果生じたのだ。彼らは、今は亡きサダム・フセインに代わり、今度はイスラム原理主義を旗印に掲げ、その背後で、サダム・フセインの全体主義的国家統治法を用いて「イスラム国」を創設したのである。「イスラム国」の実態は、サダム・フセインの亡霊だったのである。

イスラム国の行動様式の謎を解く

そう考えると、これまではあきらかにされなかったイスラム国独自の行動様式にも光を当てることができる。

イスラム国の特徴は、財政基盤の確立を重視していることだ。イスラム国が、原油が採取される場所に優先的に進出したのは、偶然ではない。モスルを占領したイスラム国は、シリアだけでなく、イラクの油田も手に入れることになった。専門家などの試算によると、一日の原油の生産量は八万バレル、売り上げは八〇〇万ドルにのぼったといわれる。原油はたとえば、イラクのクルド人自治区に移送され、トルコやイランの業者に転売されている。業者は自国に密輸し安い価格で販売している。それ以外にも、人質の身代金、略奪と盗掘、寄進、寄付等によって支えられている。[24] このように国家の財政が常に意識されている点が、従来のイスラム過激派とは異なる点である。しかし、「イスラム国」が最初から、「国家」を目指していたとするならば、むしろ当然のことであった。

もう一つの、イスラム国の特徴は、その度を超した残虐行為にある。敵対勢力の捕虜の大量銃殺、支配地域での一般市民の斬首処刑、異教徒への殺略、女性の奴隷化、さらにはその処刑の模様のネット配信も、ザルカウィがまだ存命していた時代のイラクのアルカイダの慣行を継承し、暴力を政治的道具として用いているともみることができる。また、外国人の誘拐に関しては、身代金を手に入れるという経済的目的、アメリカのイスラム国爆撃中止を要求するなど政治的目的もあったと思われる。

しかし、イスラム国の占領下で改宗したスンニ派教徒に対しても処刑を行っているのは、イスラム教の教義からすれば、あり得ない話である。たとえば、二〇一四年十一月には、イスラム教に改宗した後に自らを「アブドゥルラーマン」と名乗っていた米国人ピーター・カッシグを処刑している。これは、イスラム国が、イスラム国以外の原理、すなわちサダム・フセイン時代の全体主義的強権体制のシステムに則って運営されていることをあきらかにしているのである。そして、外国人に対しては特に徹底して処刑が行われることが多かったのも、イスラム国の機密保持が意識されていたに違いない。

そして、イスラム国の最大の謎は、自らの存続のために頻繁にパートナーを変えているように見える点である。アルカイダから分離した二〇一三年当時はアサド政権と協力している。この背景には次のような歴史的経緯があった。サダム・フセイン時代、イラクの情報部は、シリアの情報部とも深いつながりがあった。イラク戦当時、アメリカ軍を攻撃するためにイラクにやってきたイスラム過激派は、シリアを経由していた。アメリカに対抗するためにイラクとシリアの情報部は手を結んでいたのだ。そのために、イスラム国となった後も、旧イラク政府の情報将校ならば、協力関係を構築することができたのである。また、石油の販売ルートを確立する際にも、対外的な人脈が生かされていたはずである。

その一方で、イスラム国に対してアメリカの空爆が始まると、スンニ派諸国と目立たないように共同歩調を取っているようにみえる。それは、イスラム国が旗印に掲げるスンニ派の信仰を、サウジアラビアなどの国家が支持しているためと考えられる。このように、イスラム国は、あるときは元情報将校たち人脈を利用し、またあるときはイスラム原理主義をという旗印を利用し、巧みに自らの存続を計っているのである。

誰がイスラム国を利用していたのか

逆に言えば、表向きの立場とは反対に、イスラム国の潜在的な支持者は、我々が考えるよりはるかに多いということでもある。

イスラム国が存続してくれるお陰で、一番の恩恵を被っているのは、シリアのアサド政権であろう。過去の自国民に対する抑圧も、イスラム国の度を超した残虐な行為の前には、まったく目立たなくなるためである。なによりも、イスラム国の危険性を唱えることで、自らの政権の正当性を主張できるのだ。

イスラム国をめぐる中東代理戦争の構図

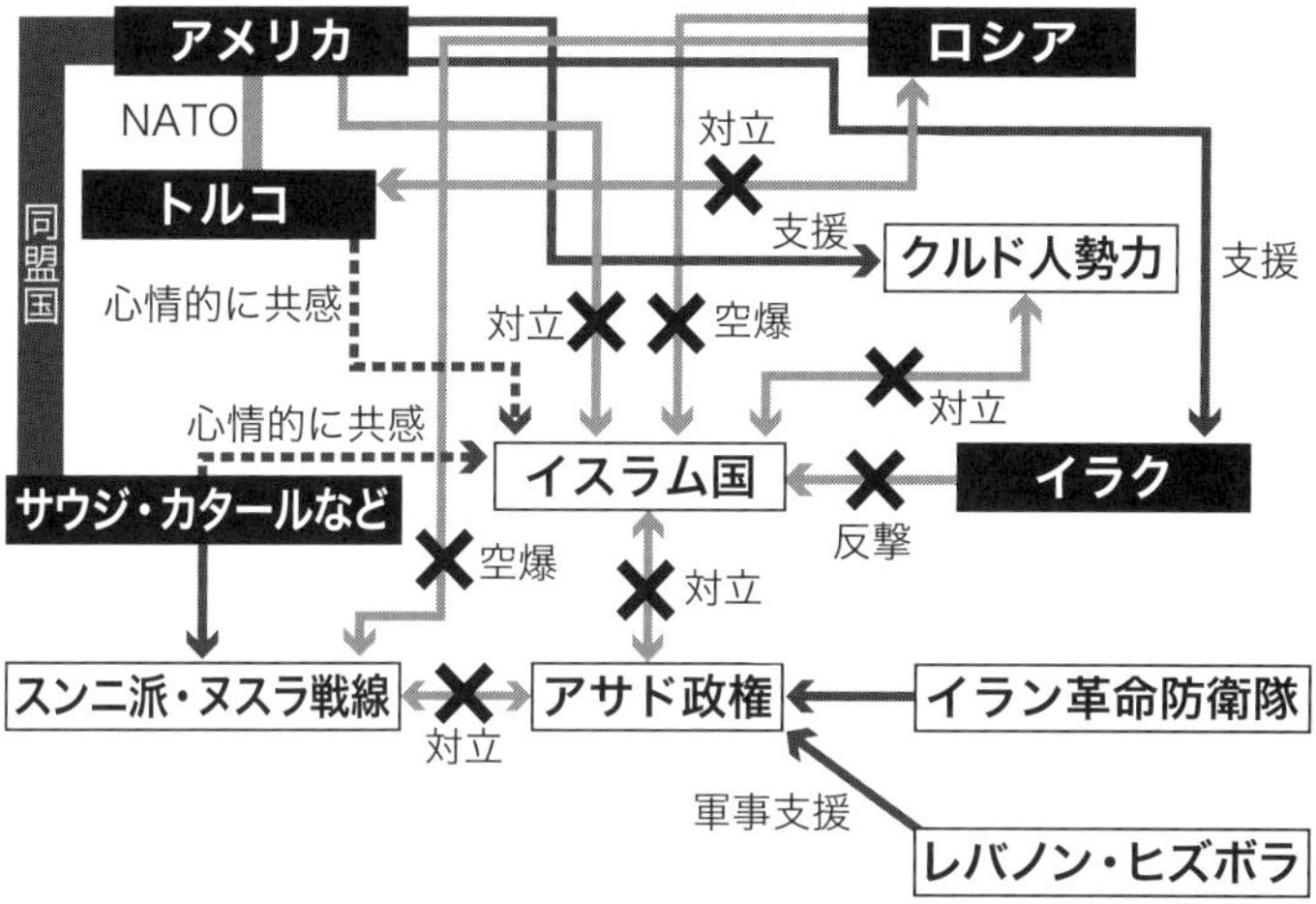

そして、サウジアラビアやトルコ、カタールといったスンニ派諸国にとっても、イスラム国は役に立つ道具であった。とくに、イラク国内ではシーア派の政権が継続しており、スンニ派のイラク人が劣勢に立たされるのは好ましくなかった。そして、表向きはイスラム国もワッハーブ主義に極めて近いサラフィー主義を掲げているのであるから、イスラム国の勝利が、スンニ派の勝利にも見えるためである。

さらには、核を持つ可能性が高いイランを警戒するイスラエルにとっても、イランの革命防衛隊やレバノンのヒズボラの勢力が、イスラム国によってそぎ落とされるならば、喜ばしい事態であったに違いない。

加えて、石油や盗掘品の密売に関わった諸国も、膨大な利益を上げていたはずである。

しかし、その代価は、膨大なシリア国民の犠牲であり、世界各地でのテロ事件の頻発であった。これは、あまりに重すぎる代価であった。

中東と日本　あとがきにかえて

シリア内戦の結末

現在の中東という地域を一言で表現するならば、スンニ派とシーア派の覇権をかけた決闘場という趣がある。二〇〇三年に始まったイラク戦以降着実に勢力を拡大してきたイランに対して、スンニ派が反撃しようとした場所が「アラブの春」以降のシリアだったのである。

そして、イランの背後にはロシアが、サウジアラビアを筆頭とする湾岸諸国の背後にはアメリカやフランスなどの西側諸国が控えていた。

そのために、米ロを巻き込む世界大戦が生じたとしてもおかしくない状況が生まれていた。しかし、オバマ政権が徹底して本格的な派兵に消極的であったこと、それにシリアの内戦において反アサド政権側の勢力に、アルカイダの系列組織が紛れ込んでしまったこと、それに対するイランが革命防衛隊やレバノン・ヒズボラの勢力を総動員して対抗したことが、アサド政権の転覆を困難にした。挙げ句の果ては、アメリカがイランに対して核開発に関する合意を締結し、イランに対する国際的な制裁は解除されることになった。シリア内戦を巡るイランと湾岸諸国の争いは、湾岸諸国側の敗北に終わりつつある。引導を渡したのが、二〇一五年九月から始まったロシアの空爆であったといえよう。

二〇一六年一月初めに、サウジアラビア国内でのシーア派宗教指導者の処刑をきっかけにして、サウジアラビアとイランは断交した。それ以降も両国の関係改善の兆しは見られない。しかし、シリア内戦におけるサウジアラビア側の劣勢を考慮すれば、その成り行きも理解できるというものだ。結局のところ、シリア内戦の混乱は、スンニ派vsシーア派の勢力争いの結果でしかない。そして、その二つのグループの抗争は一九七〇年代末から始まっていたのである。

深まるテロの危険性

シリア内戦が終結に向かいつつあるとはいえ、イスラム国の問題が解決されたというわけではない。むしろ、全世界にシリアやイラクで戦ったイスラム過激派の帰還により、テロの危険性が世界中に拡散することになる。一九八九年以降、アフガニスタンからのソビエト軍撤退により、本国に戻った聖戦士たちの一部が後にテロに関わったようにである。

とくに現在懸念されているのが、カダフィ亡き後のリビアであり、その油田地域にイスラム国の残党が結集しつつある。今後はリビアがイスラム国の根城になるかもしれないのだ。

それと同時に、西欧諸国でも、国内のイスラム過激派と呼応したテロが生じる危険性は高まったといえる。それに輪を掛けるのが、大量のシリア難民のヨーロッパ流入である。住民と難民との間でのトラブルはすでに各地で頻発している。彼らの間の争いが激化すれば、さらなるテロを招きかねない。実際、二〇一五年十一月のパリ同時テロ、一六年三月のブリュッセル同時テロが生じている。当然、今後は化学兵器の使用も予想される。日本におけるイスラム過激派によるテロの可能性もゼロとはいえないだろう。しかし、そこには一定の留保が必要である。というのも、日本と中東地域との関係は、非常に特殊な関係であると考えられるためである。

日本人が被害者となったテロ事件

中東のイスラム教徒がアメリカを含めた西洋人を見る視線と日本人を見る視線には実はかなりの温度差があるのではないだろうか。

たとえば、二〇一五年五月三日の産経新聞には、エジプトのシシ大統領の発言が紹介されている。それによると、シシ氏は日本人の勤勉さや規律を守る国民性について、イスラム教の聖典コーランの教えの実践でもあるとの考えを示し、日本人を「歩くコーラン」だとたたえたとされている。シシ大統領は、エジプト軍に支持される政治家であり、必ずしもイスラム教徒を代表する立場にないともいえる。また、この発言にしても、日本に対する単なるお世辞と見えないこともない。

しかし、このシシ大統領の発言は、案外イスラム教徒の日本への見方を素直に反映しているのではないかと思えるふしがあるのだ。というのも、最近日本人がイスラム過激派のテロの被害になったケースを眺めると一定のパターンが見出せるからだ。

まず、日本人が被害者となったテロ事件を振り返っておこう。

一九九一年の五十嵐一筑波大准教授殺害はテロであった可能性が高い。一九九七年のルクソール事件では、日本人一〇名を含む外国人観光客六一名とエジプト人警察官二名の合わせて六三名が死亡、八五名が負傷している。

一九九八年七月二十日には、国連タジキスタン監視団（ＵＮＭＯＴ）で政務官として活動していた秋野豊氏が、他の三人の監視団関係者とともに射殺されている。

さらに、一九九九年八月二十三日には、キルギスで日本人技術者が誘拐されている。この場合は日本人はすべて無事釈放された。

二〇〇一年九月十一日のアメリカ同時多発テロでは、二四名の日本人が亡くなっている。

さらに、二〇〇三年十一月二十九日には、イラク日本人外交官射殺事件で、二名の日本人外交官が亡くなっている。

二〇〇四年四月七日には、イラク共和国のバグダッドからファルージャの近郊にて、反日反米活動家の邦人三名が、反米武装集団「サラヤ・アル・ムジャヒディン（戦士旅団）」に拘束され、人質となった。しかし、イラク・イスラム聖職者協会の仲介もあり無事解放されている。

二〇〇四年五月二十七日には、ジャーナリストの橋田信介氏が、イラク戦争取材中にバグダッド付近のマハムーディーヤで襲撃を受け、同行していた甥の小川功太郎氏とともに殺害された。

二〇〇四年十月三十一日には、イラクからの自衛隊撤退を求めるイラクのアルカイダによって香田証生氏が殺害されている。

二〇〇七年十月七日には、横浜国大生がイランで麻薬密売組織に誘拐された。しかし、イラン当局の交渉により無事解放されている。

二〇〇八年五月七日には、イエメンで団体観光旅行中の日本人女性二名が誘拐された。この事件も、地元の長老の説得で無事釈放されている。

二〇〇八年八月二十六日、アフガニスタンで復興支援を続けていた「ペシャワール会」の伊藤和也氏が四人組の武装グループに拉致された。伊藤氏を慕った一〇〇〇人を超える村人が捜索・追跡に加わり、追い詰められた犯人はパニックとなって伊藤氏に発砲し、伊藤氏は死亡した。

二〇〇九年十一月十五日には、日本人コンサルタントがイエメンで誘拐されている。このコンサルタントは、国際協力機構（JICA）の教育支援事業に従事していた。この場合も無事釈放されている。

二〇一〇年四月一日には、アフガニスタンで、日本人ジャーナリストが誘拐されるが、無事釈放されている。

そして、二〇一三年一月十六日には、アルジェリアにおいて日揮の日本人社員一〇名が殺害された。

二〇一四年には湯川遥菜氏と後藤健二氏が、イスラム国により捕らえられ殺害された。

これ以外にも、インドネシアのバリ島テロ事件、インドのムンバイのテロ事件で日本人が亡くなっている。

このリストを見て気がつくのは、日本人がテロの被害者となり始めたのは、五十嵐一氏の例を除けば、九〇年代後半からであるということだ。また誘拐された場合でも、無事釈放されているケースも多い。「ペシャワール会」の伊藤和也氏のケースは、イスラム過激派というよりは、現地の犯罪組織の犠牲になったように見える。

次に気がつくのは、とくに日本人が狙われ始めたのは、イラクのアルカイダ以降であるということだ。イラクのアルカイダの問題性は、本書でも指摘したとおりである。イラク戦の当時は、治安が劇的に悪化しており、そのために亡くなられた日本人の方も多いのだろう。

このなかで、日本人に向けられたテロであるにもかかわらず、その背後関係が十分にあきらかにされていないのは、二〇一三年のアルジェリアでのテロ事件である。

このアルジェリアの事件を除けば、日本人のテロ被害者は、欧米の例と比べれば非常に少ないのではないだろうか。イラクのアルカイダは、殺人を政治の武器としていたイスラム過激派であり、その過激さゆえに日本人も殺害されたともいえる。

ここで、本書で取り上げたイランによる欧米人に対する殺人事件、誘拐事件を比較すれば、日本人への対応とは異なるといえるのではあるまいか。あきらかに日本人の被害者が少なすぎるのだ。これは中東の一般的なイスラム教徒の日本への見方が、西洋人に対する見方とまったく異なるためであるとしか考えられない。誘拐された場合であっても、無事釈放されているケースも多い。むしろ、イスラム教の亜種であるイラクのアルカイダ、もしくはイスラム国による殺人事件が増加している。

日本人に対する親和的な姿勢は、かなりの部分が、『おしん』等に代表される日本のテレビ番組によるものと推測される。たとえば、『おしん』は、イランでは80年代以降も繰り返し放映されているのである。そこに表現された日本人の生き様が、中東の人々をひきつけてやまないのだろう。

イスラム国が、イスラム原理主義というよりは、むしろサダム・フセイン流の全体主義的統治機構を採用していることを考えれば、湯川氏と後藤氏の殺害は、イスラム教に名前を借りた全体主義の被害者であったとも言える。

とするならば、日本人が被害者となるテロ事件は、今後もイスラム教過激派を名乗ってはいるが、実際には、イスラム色の薄い組織によるものが多くなるのではないだろうか。テロ対策という観点からすれば、非イスラム教徒による、イスラム過激派もどきのテロも警戒するべきだということになるだろう。

なによりも、このリストを見る限り、日本と中東とは、他の西洋諸国と比べてもはるかに友好的な関係が維持されているといえる。日本と中東の友好的な関係が今後も存続することを望むばかりだ。

最後に、謝辞を。本書の作成に関しては、ビジネス社の佐藤春生氏にお世話になりました。その、佐藤氏を紹介してくださったのが、西尾幹二先生です。また、インテリジェンスに関しては、中西輝政先生のご指導がなければ、そもそも本書はあり得なかったでしょう。それ以外にも多くの方々のお世話になりました。皆様、本当にありがとうございました。

そして、最後の最後になるのですが、北海道出身のＫ氏には、さまざまな点でお世話になりました。心からの感謝を捧げたいと思います。

二〇一六年四月

柏原竜一

Convulsed Iran in '53 (and in '79)", *New York Times,* April 16, 2000

2 柏原竜一「カウンター・インテリジェンスとは何か」『情報史研究』第6号（2015年4月）p.34

3 Nimrod Raphaeli, "Demands for Reforms in Saudi Arabia," *Middle Eastern Studies,* Vol.41, No.4, (2005) , pp.519-20

4 Patrick Cockburn, *The Rise of Islamic State ISIS and the New Sunni Revolution,* (London: Verso, 2014), pp.98-99

5 Intelligence Online no. 647 dated 01 september, 2011, Anti-Bashar commandos

6 Intelligence Online no. 642 dated 02 june, 2011, Tehran grooms Mahdi Army

7 Intelligence Online no. 638 dated 31 march, 2011, Princes try to extinguish Arab revolts

8 Intelligence Online no. 670 dated 23 august, 2012, Bandar on offensive against Damascus, Tehran

9 Intelligence Online no. 672 dated 20 september, 2012, Clandestine operations of little help to rebels

10 Intelligence Online no. 674 dated 17 october, 2012, Secret summit divided over FSA support

11 Tim arango, Anne barnard and Hwaida saad, "Syrian Rebels Tied to Al Qaeda Play Key Role in War", *New York Times,* DEC. 8, 2012

12 Intelligence Online no. 676 dated 15 november, 2012、Dangerous liaisons in Syria

13 Intelligence Online no. 684 dated 13 march, 2013、GID and MIT back jihadists

14 Intelligence Online no. 677 dated 28 november, 2012、Bandar bin Sultan

15 Intelligence Online no. 673 dated 04 october, 2012、Nouri al-Maliki ups stakes in Syria

16 Intelligence Online no. 678 dated 12 december, 2012、Syria: Doha and Riyadh influence new FSA

17 Intelligence Online no. 679 dated 02 january, 2013、GID pursues strategy in Syria

18 Intelligence Online no. 696 dated 25 september, 2013 、Mukhabarat behind ISIS mayhem, claim

19 Christoph Reuter, The Terror Strategist: Secret Files Reveal the Structure of Islamic State, *DER SPIEGEL,* April 18, 2015

20 http://www.longwarjournal.org/archives/2014/02/isis_confirms_death.php#ixzz3GvCKLAjw

21 Intelligence Online no. 703 dated 08 january, 2014、Syria: GID and MIT supervise assault on ISIL

22 Intelligence Online no. 714 dated 18 june, 2014、"King of Clubs" has hand in Mosul

23 Intelligence Online no. 725 dated 10 december, 2014, Washington's Sunni allies disgruntled

24 【水平垂直】G20、「イスラム国」資金源遮断　経済封鎖網構築急ぐ
2015年02月11日 産経新聞 東京朝刊 総合・内政面

第六章

1 https://www.whitehouse.gov/the-press-office/remarks-president-cairo-university-6-04-09

2 Amir Taheri, "The United States and the Reshaping of the Greater Middle East," *American Foreign Policy Interests,* Vol. 27, 2005, p.286

3 Taheri, "The United States and the Reshaping of the Greater Middle East", p.287

4 Paul D. Miller "American Grand Strategy and the Democratic Peace," *Survival: Global Politics and Strategy,* Vol.54, No.2, 2012, pp.55-56

5 Allan Orr, 'Spring' ex machina: Catalytic Warfare, Iraq Syndrome and the 'Arab Spring', *Defence Studies,* Vol. 13, No.2, 2013, p.218

6 Mezri Haddad, "Genèse et finalité de la <<révolution du jasmin>> Essai de démystification politique", *LA FACE CACHÉE DES RÉVOLUTIONS ARABES* (Paris: ellipses, 2012), p.39

7 Haddad, "Genèse et finalité", p.44

8 Ibid, p.45; Arnaud Vaulerin, "«Opération Tunisia»: la cyberattaque d'Anonymous aux côtés des manifestants", *Libération,* 12 Janvier 2011

9 Ibid, p.47

10 Haddad, "Genèse et finalité", p.46

11 The Kefaya Movement A Case Study of a Grassroots Reform Initiative; http://www.rand.org/content/dam/rand/pubs/monographs/2008/RAND_MG778.pdf

12 Emad El-Din Shahin, "The Egyptian Revolution: The Power of Mass Mobilization and the Spirit of Tahrir Square", *Journal of the Middle East and Africa,* Vol.3, 2012, pp.52-3

13 "The Kefaya Movement", p.vii

14 Ibid. p.48

15 Kirsi Yli-kaitala, "Revolution 2.0 in Egypt: Pushing for Change, Foreign Influences on a Popular Revolt", *Journal of Political Marketing,* Vol.13, 2014, p.133

16 USAIDが単独で行った民主化工作として、キューバへのツイッターに似たソーシャル・ネットワーキング・サービスの導入が挙げられる。詳細は日本語版ウォールストリートジャーナル4月16日付けの記事「米政府、SNSで対キューバ工作」を参照のこと。

17 Gerald Sussman and Sascha Krader, "Template Revolutions: Making U.S. Regime Change in Eastern Europe", *Westminster Papers in Communication and Culture,* Vol.5, No.3, 2008

18 Yli-kaitala, "Revolution 2.0 in Egypt", p.133-4

19 Ibid, p.134

20 Ibid, p.135

21 Ibid, pp.137-8

22 Ibid, p.138

23 Ibid, p.139-40

24 http://www.canvasopedia.org/images/books/50-Crucial-Points/NonViolent-Struggle-50-CP-book-small.pdf?pdf=50CP-ENG

25 http://peacemagazine.org/archive/v19n2p10.htm

26 Yli-kaitala, "Revolution 2.0 in Egypt", p.140

27 Ibid, pp.140-1

28 Ibid, p.141

29 Ibid, p.142

第七章

1 James Risen, "SECRETS OF HISTORY: The C.I.A. in Iran -- A special report.; How a Plot

65 ブリザール他『ぬりつぶされた真実』pp.186-7

66 Gambill, "The Libyan Islamic Fighting Group (LIFG)"

67 Seymour M. Hersh, "The Killing of Osama bin Laden", *London Review of Books*, May, 21, 2015. この文献は（http://www.lrb.co.uk/v37/n10/seymour-m-hersh/the-killing-of-osama-bin-laden）でも読むことができる。

68 Daniel Byman, "Passive Sponsors of Terrorism", *Survival*, Vol. 47, No. 4 Winter, 2005-6, p.119

69 Gray, *Global Security Watch Saudi Arabia*, p.6

70 Ibid, p.118

71 ブリザール他『ぬりつぶされた真実』p.157

72 Ibid, pp.168-176

73 Ibid, pp.160-7

74 Hartmut Behr & Lars Berger, "The Challenge of Talking about Terrorism: The EU and the Arab Debate on the Causes of Islamist Terrorism", *Terrorism and Political Violence*, Vol.21, Issue.4, 2009, p.542

75 ブリザール他『ぬりつぶされた真実』p.179

76 Byman, "Passive Sponsors of Terrorism", p.123-4

77 John R. Bradley, "Al Qaeda and the House of Saud: Eternal Enemies or Secret Bedfellows?", *The Washington Quarterly*, Vol.28, Issue. 4, 2005, pp.147-8

第五章

1 ロビンソン『テロリスト』p.320-1

2 Ibid, p.323

3 http://www.state.gov/www/global/terrorism/1998Report/1998index.html

4 ジル・ケペル『テロと殉教 「文明の衝突」をこえて』丸岡高弘訳、産業図書、2010年、p.39

5 ケペル『テロと殉教』p.41

6 Ibid, p.42

7 Ibid, pp.42-3

8 Michael J. Boyle, "Bargaining, Fear, and Denial: Explaining Violence Against Civilians in Iraq 2004-2007", *Terrorism and Political Violence*, Vol. 21, 2009, p.264

9 John R. Bradley, "Al Qaeda and the House of Saud: Eternal Enemies or Secret Bedfellows?", *The Washington Quarterly*, Vol.28, Issue. 4, 2005, p.145

10 Boyle, "Bargaining, Fear, and Denial", p.268

11 Ibid, p.262

12 ケペル『テロと殉教』pp.44-5

13 Ibid, p.45

14 Ibid, pp.45-6

15 Ibid, p.46

16 Ibid, p.47

17 Ibid, pp.47-8

18 MSC設立の経緯に関しては、THE ABC NEWS INVESTIGATIVE UNIT, "Pressure Grows on al Qaeda in Iraq", abc NEWS, Jan. 30, 2006,を参照のこと。

19 この点に関しては、アンサール・アル・スンナ軍は、イラクのアルカイダとは敵対的な関係にあったとする報道もある。詳細は次の英ガーディアン紙を参照のこと。
http://www.theguardian.com/world/2007/jul/19/topstories3.usa

34 Ibid, p.16

35 Harry Verhoeven, "The Rise and Fall of Sudan's Al-Ingaz Revolution: The Transition from Militarised Islamism to Economic Salvation and the Comprehensive Peace Agreement", *Civil Wars*, Vol.15, Issue 2, (2013), p.121

36 Max Taylor, Mohamed E. Elbushra, "Research Note: Hassan al-Turabi, Osama bin Laden and Al Qaeda in Sudan," *Terrorism and Political Violence*, Vol.18 , (2006), p.453

37 *The 9/11 Commission Report. The Final Report of the National Commission on Terrorist Attacks upon the United States* (New York: W.W.Norton, 2004), pp.59-60

38 Ibid, pp.60

39 Peter Bergen et al,"Revisiting the Early Al Qaeda", p,20

40 ロビンソン『テロリスト』pp.224-5

41 Michael Barratt Brown, "Slobodan Milosevic and How the US Used Al Qaeda in the Balkans", *Journal of Contemporary Central and Eastern Europe*, Vol.14, Issue 2 (2006), p.164

42 Ibid, p.164; Cees Wiebes, *Intelligence and the War in Bosnia* (Hamburg: LIT VERLAG Münster, 2003), pp.180-1

43 Peter Bergen et al,"Revisiting the Early Al Qaeda", p,17

44 ロビンソン『テロリスト』p.245

45 Christina Hellmich, *Al-Qaeda from Global Network to Local Franchise* (Canada: Fernwood Publishing Ltd, 2011), p.43

46 ロビンソン『テロリスト』p.248

47 Peter Bergen et al,"Revisiting the Early Al Qaeda", p.18

48 Ibid, p.19

49 "New Evidence Ties Iran To Terrorism", *NEWSWEEK*, November 14 1999; 9/11 Commission Report, p.60

50 CIA analytic report, "Old School Ties", March, 10, 2003, p.15

51 *The 9/11 Commission Report*, pp.62-3

52 Bergen, *The Osama bin Laden I know*, pp.164-6

53 *The 9/11 Commission Report*, p.66

54 Bergen, *The Osama bin Laden I know*, pp.65

55 Ibid, pp.144-5

56 Asaf Maliach, "Bin Ladin, Palestine and al-Qa'ida' s Operational Strategy", *Middle Eastern Studies*, 2008, Vol.44, Issue 3, p.357

57 ハマスに関してはEphraim Kahana, Huhammad Suwaed, *Historical Dictionary of Middle Eastern Intelligence* (Maryland: The Scarecrow Press, Inc., 2009), pp.103-4, ファタハに関しては、pp.86-7

58 Matthew Gray, *Global Security Watch Saudi Arabia* (Santa Babrbara: PRAEGER, 2014), pp.67-70

59 Ibid, p.70

60 Ibid, pp.71-2

61 Ibid, pp.72-3

62 Maurice R. Greenberg, WIlliam F. Wechsler, Lee S. Wolosky, *Terrorist Financing Task Force Report by the Council on Foreign Relations* (New York: Council on Foreign Relations Press, 2002)

63 Wiebes, *Intelligence and the War in Bosnia*, p.163

64 Gary Gambill, "The Libyan Islamic Fighting Group (LIFG)", *Terrorism Monitor*, Vol. 3 Issue. 6 (Washington: Jamestown foundation, 2005)

44 Federal Research Division, *A Profile, 2012,* p.40
45 Ibid. pp.40-41
46 Eli Lake, "Iran Is Found To Be a Lair of Al Qaeda," *The New York Sun,* July 17, 2007

第四章

1 アダム・ロビンソン『テロリスト　真実のビン・ラーディン』青土社、2002年、pp.112-125
2 ロビンソン『テロリスト』、pp.130-1
3 Peter L. Bergen, *The Osama bin Laden I know* (Newyork: Free press, 2006), p.24
4 ロビンソン『テロリスト』p.133
5 ジャン＝シャルル・ブリザール、ギヨーム・ダスキエ『ぬりつぶされた真実』山本知子訳、幻冬舎、2002年、pp.142-3
6 Robert M. Gates, *From the Shadows* (New York: Simon & Schuster, 1996), pp.170-2
7 Ibid. pp.176-7
8 W. Thomas Smith, Jr. *Encyclopedia of Central Intelligence Agency* (Newyork: Facts on File, 2003), pp.46-7
9 Nigel West, *The Third Secret The CIA, Solidarity and KGB's Plot to Kill the Pope* (London: Harper Collins Publishers, 2000), p.212
10 Jeffrey T. Richelson, *A Century of Spies Intelligence in the Twentieth Century* (NewYork: Oxford University Press, 1995), pp.411-2
11 West, *The Third Secret,* p.120
12 Robert M. Gates, *From the Shadows* (New York: Simon & Schuster, 1996), pp.319-321
13 Gates, *From the Shadows,* pp.348-9
14 Ibid, p.350
15 ロビンソン『テロリスト』、pp.138-39
16 ロラン・ジャカール『ビンラディンとアルカイダ』前沢敬訳、双葉社、2001年、p.63-4
17 ロビンソン『テロリスト』、pp.140-1
18 Ibid, p.28-31　ここで取りあげられているアルジェリア人の証言は、サービス・オフィスの具体的なリクルートの手法を明らかにしている。
19 ロビンソン『テロリスト』、pp.142-3
20 Ibid, p.147
21 Bergen, *The Osama bin Laden I know,* p.60
22 ブリザール他『ぬりつぶされた真実』p.220
23 Ibid, p.161
24 Peter Bergen, Paul Cruickshank, "Revisiting the Early Al Qaeda: An Updated Account of its Formative Years", *Studies in Conflict & Terrorism,* vol.35, 2012, pp.5-11
25 ロビンソン『テロリスト』pp.164-5
26 Ibid, pp.187-9
27 Peter Bergen et al,"Revisiting the Early Al Qaeda", pp.3-4
28 Ibid, p,8
29 ロビンソン『テロリスト』p.193
30 Ibid, pp.195-6
31 Ibid, pp.200-4
32 Bergen, *The Osama bin Laden I know,* pp.104-5
33 Peter Bergen et al,"Revisiting the Early Al Qaeda", p,15

6 www.globalsecurity.org/intell/world/iran/qods.htm

7 Ephraim Kahana, Muhammad Suwaed, *Historical Dictiionary of Middle Eastern Intelligence* (Lanham:Maryland, The Scarecrow Press, Inc.), pp.111-2

8 Kahana, et al, *Historical Dictiionary of Middle Eastern Intelligence*, pp.204-6

9 Williamson Murray, Kevin M. Woods, *THE IRAN-IRAQ WAR A Military and Strategic History* (Cambridge, Cambridge University Press, 2014), p.2

10 http://www.globalsecurity.org/intell/world/iran/jcso.htm

11 Federal Research Division, *A Profile*, pp.5-6

12 Bonnet, *VEVAK*, p.55

13 Federal Research Division, *A Profile*, pp.6-7

14 Ibid, pp.7-8

15 Ramin Parham, Michel Taubmann, *HISTOIRE SECRÈTE DE LA RÉVOLUTION IRANIENNE* (Paris:Éditions Denoël, 2009), pp.105-108

16 Federal Research Division, *A Profile, 2012*, pp.8-9

17 Bonnet, *VEVAK*, p.336-8

18 Ibid, p.340-5

19 Federal Research Division, *A Profile, 2012*, p.9

20 Steven O'Hern, *Iran's Revolutionary Guard* (Washington: Ptomac Books, 2012), pp.44-6

21 Ibid, p.44

22 Ibid, p.46

23 Ibid, pp.46-47

24 Ibid, pp.8-9

25 ヒズボラがクウェート政府から，テロ実行犯を取り戻すことに多大なる執念を抱いていた。1985年のTWA847便のハイジャックも、昔の同志を取り戻すことが主たる目的であった。

26 O'Hern, *Iran's Revolutionary Guard*, pp.51-68

27 Bonnet, *VEVAK*, p.346-50

28 http://www.globalsecurity.org/intell/world/iran/jcso.htm

29 Ibid ; O'Hern, *Iran's Revolutionary Guard*, pp.82-3

30 Bonnet, *VEVAK*, pp.260-72

31 http://news.bbc.co.uk/2/hi/americas/5190892.stm

32 Bonnet, *VEVAK*, p.244-6

33 Ibid, p.220-4

34 Ibid, pp.224-5

35 Federal Research Division, A Profile, 2012, pp.27-28

36 600名の暗殺リストに関してはDavid Ignatius, "Buying the Vote; Iran is backing Candidtes -- in Iraq," *Washington Post*, Feburuary 25, 2010を参照。

37 O'Hern, *Iran's Revolutionary Guard*, pp.96-99

38 Ibid, pp.100-1

39 Ibid, p.102

40 David Crist, *The Twilight War The Secret History of America's Thirty-year Conflict with Iran* (Newyork: Penguin Books, 2013), p.520

41 O'Hern, *Iran's Revolutionary Guard*, pp.102-4

42 Crist, *The Twilight War*, p.522

43 O'Hern, *Iran's Revolutionary Guard*, pp.109-13

第2章

1 Hazem Kandil, *Soldiers, Spies, and Statesmen: Egypt's Road to Revolt* (London:Verso, 2012), pp.7-8

2 Owen L. Sirrs, *A Hisotry of the Egyptian Intelligence Service A history of mukhabarat, 1910-2009,* (Oxon, routledge, 2010), pp.29-30

3 Sirrs, *A Hisotry of the Egyptian Intelligence Service,* pp.30-31

4 Kandil, Soldiers, Spies, and Statesmen, pp.26-27

5 Sirrs, *A Hisotry of the Egyptian Intelligence Service,* pp.30-31

6 Kandil, *Soldiers, Spies, and Statesmen,* p.29

7 カーミット・ルーズベルトJrは、セオドア・ルーズベルトの孫で，第2次大戦中から戦略事務局（OSS）において活動し、戦後に創設されたCIAでも政治工作を担当し、1953年のイランのモサデグ政権転覆工作にも加わっている。
W. Thomas Smith, Jr, *Encyclopedia of the Central Intelligence Agency,* (New York, Checmark books, 2003), pp.195-6

8 Sirrs, *A Hisotry of the Egyptian Intelligence Service,* pp.31-33

9 Ibid, pp.33-34

10 Ibid, pp.34-35

11 Ibid, pp.35-36

12 Ibid, pp.36-37

13 Ibid, pp.37-38

14 Ibid, p.89

15 Ibid, pp.38-40

16 Ibid, pp.41-42

17 Rami Ginat, "Egypt's efforts to unite the Nile Valley: Diplomacy and propaganda, 1945–47", *Middle Eastern Studies,* Vol.43, No.2 (Feb 2007), pp.193-222

18 Sirrs, A Hisotry of the Egyptian Intelligence Service, pp.42-43

19 Ibid, pp.43-45

20 Ibid, pp.45-46

21 Ibid, pp.46-48

22 Ibid, pp.52-55

23 Ibid, pp.55-57

24 Ibid, p.57

25 Ibid, pp.57-58

26 Ibid, p.59

27 Ibid, p.52

第3章

1 http://www.globalsecurity.org/intell/world/iran/vevak.htm

2 Library of Congress Federal Research Division, *Iran's Ministry of Intelligence and Security: A Profile,* p.17

3 http://www.globalsecurity.org/intell/world/iran/vevak.htm

4 Federal Research Division, *A Profile, 2012,* p.24

5 Yves Bonnet, *VEVAK AU SERVICE DES AYATOLLAHS* (Boulogne:Timée-Editions, 2009), pp.160-1

第1章

1 http://www.enecho.meti.go.jp/about/pamphlet/energy2010html/policy/index2.html

2 Intelligence Online, No. 747 dated 18 november, 2015

3 http://www.gatestoneinstitute.org/7151/britain-islamization

4 http://www.usatoday.com/story/opinion/2015/01/07/islam-allah-muslims-shariah-anjem-choudary-editorials-debates/21417461/

5 http://www.mirror.co.uk/news/uk-news/paris-shootings-british-hate-preachers-4957281

6 http://www.dailymail.co.uk/news/article-2769098/BREAKING-NEWS-Nine-men-arrested-counter-terror-police-London-suspicion-encouraging-terrorism.html

7 http://www.theguardian.com/world/2015/apr/05/senior-muslim-lawyer-says-british-teenagers-see-isis-as-pop-idols

8 http://www.dailymail.co.uk/news/article-2917710/Radical-British-Islamist-stabbed-football-fan-head-pen-skips-bail-joins-Islamic-State-Syria.html

9 http://www.theguardian.com/world/2015/jun/14/west-yorkshire-teenager-talha-asmal-britain-youngest-suicide-bomber

10 http://www.dailymail.co.uk/news/article-3027035/Father-runaway-jihadi-schoolgirl-filmed-burning-flag-protest-admits-attending-says-took-daughter-demonstration-just-13.html

11 https://www.gov.uk/government/uploads/system/uploads/attachment_data/file/396312/160115_Final_Draft_Letter_to_Mosques_PDF.pdf

12 http://www.thetelegraphandargus.co.uk/news/11734716.Bradford_mosques_leader_demands_apology_over_terror_letter/

13 http://www.telegraph.co.uk/news/uknews/terrorism-in-the-uk/11337056/Charlie-Hebdo-terror-mentors-wife-on-benefits-in-Leicester.html

14 http://www.dailymail.co.uk/news/article-3081364/BBC-fire-reporter-Mark-Easton-compares-xtremist-preacher-Anjem-Choudary-Gandhi-Mandela.html

15 http://news.sky.com/story/1416946/rotherham-victim-says-abusers-untouchable

16 http://www.telegraph.co.uk/news/uknews/crime/11391314/Rotherham-child-sex-abuse-scandal-council-not-fit-for-purpose.html

17 http://www.dailymail.co.uk/news/article-2941963/Police-swoop-45-men-child-sex-grooming-Milestone-operation-sees-suspects-charged-rape-sexual-assault-trafficking.html

18 http://www.gatestoneinstitute.org/5386/british-girls-raped-oxford

19 http://www.dailymail.co.uk/news/article-2968534/Unlicensed-drink-driver-three-times-limit-crashed-car-avoids-jail-court-hears-Islam.html

20 http://www.bbc.com/news/uk-england-merseyside-31655854

21 http://www.dailymail.co.uk/news/article-2992645/Under-fire-vicar-said-love-Allah-Liberal-clergyman-attacked-traditional-Anglicans-allowing-Muslim-prayer-service-Church.html

22 http://www.dailymail.co.uk/news/article-2990820/Islam-violent-faith-says-Queen-s-chaplain-Canon-expresses-concerns-100-passages-Koran-invite-people-violence.html

23 http://www.telegraph.co.uk/news/religion/11463635/Youths-turning-to-Jihad-because-mainstream-religion-not-exciting-enough-Welby.html

24 http://www.bowgroup.org/policy/bow-group-report-parallel-world-confronting-abuse-muslim-women-britain

25 http://www.breitbart.com/london/2015/12/09/exclusive-london-cop-confirms-donald-trump-uk-radicalisation-claims-bbc-cameron-boris-johnson-sneer/

26 http://www.dailymail.co.uk/news/article-3352406/Scotland-Yard-mocks-Trump-s-claims-London-police-terrified-Muslim-areas-officers-claim-tycoon-RIGHT.html

【著者】

柏原竜一　(かしはら・りゅういち)

情報史研究家。

昭和三十九年生まれ。京大西洋史学科、仏文科卒。中西輝政氏(京大名誉教授)が主宰する情報史研究会に所属。

著書に、『中国の情報機関——世界を席巻する特務工作』(祥伝社新書)、『自ら歴史を貶める日本人』(共著、徳間ポケット)、『インテリジェンス入門』(PHP研究所)、『インテリジェンスの20世紀』(共著、千倉書房)、『名著で学ぶインテリジェンス』(共著、日経BP文庫)、『亡国のインテリジェンス』(共著、日本文芸社)など。

陰謀と虐殺

2016年6月1日　第1刷発行

著　者　柏原竜一
発行者　唐津　隆
発行所　株式会社ビジネス社
〒162-0805　東京都新宿区矢来町114番地　神楽坂高橋ビル5F
電話　03-5227-1602　FAX 03-5227-1603
URL　http://www.business-sha.co.jp/

〈カバーデザイン〉大谷昌稔
〈本文組版〉茂呂田剛(エムアンドケイ)
〈印刷・製本〉モリモト印刷株式会社
〈編集担当〉佐藤春生　〈営業担当〉山口健志

ISBN978-4-8284-1883-4

ビジネス社の本

世界戦争を仕掛ける 市場の正体

宮崎正弘
馬渕睦夫
……著

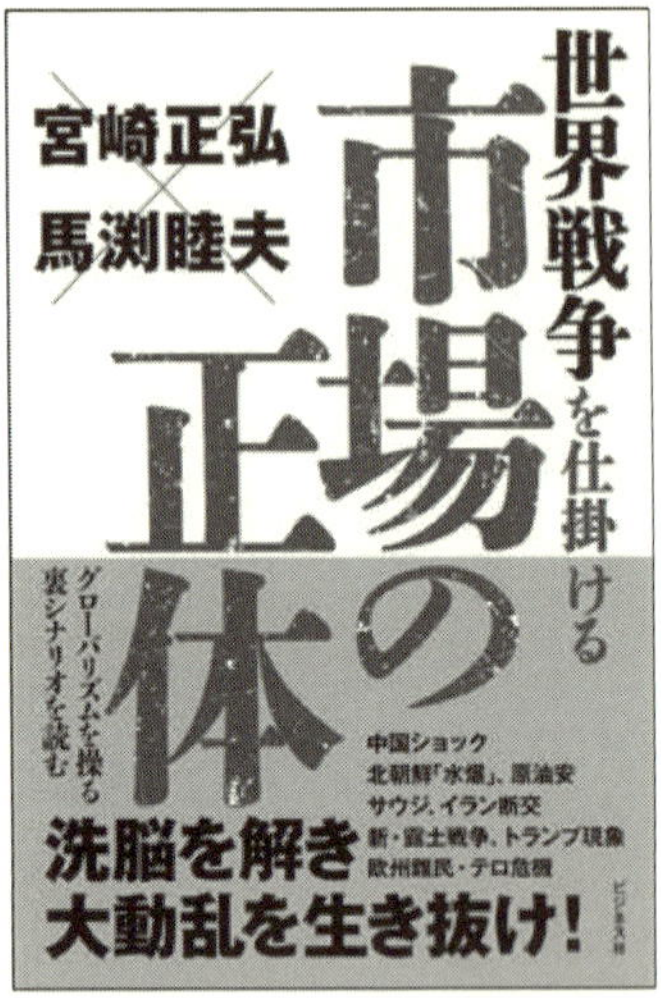

グローバリズムを操る裏シナリオを読む

定価　本体1100円＋税
ISBN978-4-8284-1870-4

中東を舞台に世界の代理戦争が過熱し、第三次世界大戦へ一触即発の世界情勢を徹底分析。その裏には拡大しつづける「市場」と国家による攻防の歴史があった。中国ショック、北朝鮮「水爆」、原油安、サウジ・イラン断交、新・露土戦争、トランプ現象、欧州難民・テロ危機……、洗脳を解き大動乱を日本はどう生き抜くべきか提言をする。

本書の内容